现代生物学理论与教学改革

任艳玲　著

北京工业大学出版社

图书在版编目（CIP）数据

现代生物学理论与教学改革 / 任艳玲著 . — 北京 ：
北京工业大学出版社，2018.12（2021.5 重印）

ISBN 978-7-5639-6698-1

Ⅰ.①现… Ⅱ.①任… Ⅲ.①生物学－教学改革－研
究 Ⅳ.①Q

中国版本图书馆 CIP 数据核字（2019）第 023435 号

现代生物学理论与教学改革

著　　者：任艳玲

责任编辑：张　贤

封面设计：点墨轩阁

出版发行：北京工业大学出版社

　　　　　（北京市朝阳区平乐园 100 号　邮编：100124）

　　　　　010-67391722（传真）　　bgdcbs@sina.com

经销单位：全国各地新华书店

承印单位：三河市明华印务有限公司

开　　本：787 毫米 ×1092 毫米　1/16

印　　张：10.25

字　　数：205 千字

版　　次：2018 年 12 月第 1 版

印　　次：2021 年 5 月第 2 次印刷

标准书号：ISBN 978-7-5639-6698-1

定　　价：45.00 元

前　言

生物学是一门研究生命现象本质并探索其规律的科学。生物学起源于自然历史，经历了实践生物学、描述生物学、实验生物学、分子生物学和系统生物学几个阶段。半个多世纪以来，生物学为自然科学的发展做出了巨大贡献，尤其是 DNA 双螺旋结构的发现成了 20 世纪自然科学的重大突破之一。特别是在 20 世纪后期，物理学、化学、数学、计算机科学等相关学科的理论和技术进步也有力地促进了生物学的快速发展。最初的生物学是"多识花虫鸟兽之名"，今天的生物学不再仅仅是对这个主题的宏观描述，而是对生命奥秘进行分子层面的探索。进入 21 世纪后，生物学已经成为科学发展的前沿、媒体关注的焦点、商业投资的方向和公众关注的热点话题，并且正在明显影响和改变着人类的生活。生物技术的发展不仅会对人类生活、经济活动和社会文明产生影响，还会深刻影响人们的思维方式。与此同时，生物科学在解决人口增长、资源危机、生态环境恶化和生物多样性威胁等诸多问题上发挥着越来越重要的作用，有力地促进了现代社会文明的发展。

然而，我国作为拥有 13 亿多人口的大国，教育的现状却不容乐观。人们对当前的教育现状并不满意，其中一些问题甚至关系到人们的切身利益和国家的长远发展，亟待解决。例如，基于考试分数和毕业率的评估仍然是许多地方教育部门评估教育水平的主要指标，这导致学校缺乏自主性和创新活力，继而影响了学校教学质量的提高。与此同时，受商品经济的影响，教师的职业素养越来越偏离"人类灵魂工程师"这一形象，这些问题的存在使得教育的发展更加复杂和困难。如何有效解决以上问题也是本书探索的主要内容之一。

本书分七个章节，第一章为绪论，对生物与人类的关系、生物学概述以及生物学的发展趋势等进行了研究；第二章为现代生物学学习理论与教学创新，包括现代生物学学习理论和现代生物学教学创新等内容；第三章围绕现代生物学专业设置改革进行了研究；第四章对现代生物学课程体系内容的改革进行了研究；第五章对现代生物学教学手段与方法改革进行了研究；第六章对现代生物学教师的专业素质与发展进行了分析；第七章围绕现代生物学人才培养实践进行了研究。

本书共七章约二十万字，由贵州轻工职业技术学院任艳玲撰写。作者在撰写本书的过程中，参考了大量专家学者的研究成果，在此向他们表示衷心的感谢。同时受时间、精力和编辑水平的限制，书中不足之处在所难免，恳请广大读者批评指正。

目 录

第一章 绪 论

目前，地球上生物特种丰富。从北极到南极，从高山到深海，生命无处不在。这些生物不仅具有多样化的形态结构，而且还具有多样化的生活方式。生物学的发展离不开生物学教育，生物学经历了百余年的曲折，而当前生物课程在各级各类学校受到了前所未有的关注，生物教育研究正处于蓬勃发展之中。本章为生物学研究的理论基础概述，旨在为后续深入研究做好理论铺垫。

第一节 生物与人类的关系

一、生物资源是人类赖以生存的物质基础

（一）人类生存离不开生物

空气对于人类以及生物而言是不可缺少的存在，为了维持生命，人类每时每刻都在进行着呼吸作用，氧气不断从空气中被吸入，同时二氧化碳被呼出。煤炭和天然气的燃烧也在消耗氧气，并且产生二氧化碳。植物不仅仅能够进行呼吸作用，绿色植物还可以通过光合作用吸收二氧化碳产生氧气，使空气中的二氧化碳和氧气的含量保持平衡。

（二）人类生活离不开生物

人类经常食用的蔬菜和水果，来自于植物；经常食用的肉、牛奶和鸡蛋，来自于动物；由棉花、丝绸、羊毛和皮革制成的衣服，来自于动植物；用来建造房屋和制作家具的木材来自于植物。

（三）人类生产离不开生物

在人类的生产过程中，需要大量的能源，其中煤炭是工业生产的主要能源。煤炭是由古代植物埋藏在地下经历复杂的生物化学和物理化学变化逐渐形成的固体可燃性矿物。其次，被称为"工业血液"的石油也是工业生产的能源物质，石油是由大量的植物和动物死亡后，构成其身体的有机物质不断

分解，与泥沙或碳酸质沉淀物等物质混合而组成的沉积层。另外，在当前社会中，人类工业生产中的造纸、纺织以及橡胶制造同样也是以动物和植物为原料的。

总而言之，人类的生存、生命、生产和健康都与生物有着密不可分的联系。倘若没有生物，也就没有人类的一切。

二、生物与环境的关系

生物和环境是一个整体，是不可分割的。环境会对生物产生一定的影响，而生物可以适应不断变化的环境。如陆生植物的蒸腾作用是适应陆生生物的一种行为。与此同时，陆地植物在蒸腾作用下向大气中输入大量水分，大大增加了空气湿度并调节了气候。

此外，维持大气中 O_2 和 CO_2 的平衡需要凭借光合自养生物进行。在此过程中，自然界的生物能够完成物质与能量的转换。

然而，由于人类社会的不断发展，特别是在工业化阶段，自然的发展受到了严重影响。目前，已经有相当多的生物物种濒临灭绝，这大大影响了生物多样性。从长远来看，后果是不可想象的。

三、生物与医学的关系

生物学不仅是对生命科学进行研究，也是医学教育中的基础课程。从广义角度来看，医学是对人类生命进行研究的一门科学，属于生物学的范畴。医学不仅能够维护人类健康，并且还能够有效预防和治疗相关疾病。目前，医学模式已经从生物医学模式不断向生物社会心理模式转变，并对环境因素予以充分重视。正因为人类是有生命的，因此，对于医学来说同样具备生物学的相关特性。

人在生物分类学中属于灵长类，在生物学上通常称人类为智人或晚期智人。对于生物医学来说，其核心概念是在医学研究和实践中应用生物学原理。如今，在基础医学和临床医学的分支学科里已经逐渐渗透了细胞学和遗传学的基本理论，这也在一定程度上对医学的发展起到了推动作用。

（一）生物与疫苗

疫苗概念的提出可以追溯到罗马时代，老普里尼（Primo）认为疯狗的肝具有防治狂犬病的功能。而在亚洲，公元前 10 世纪，在我国宋真宗时代就有利用种痘术，即用天花的干痂来预防天花的记载。1796 年，英国乡村医生爱德华·琴纳（Edward Jenner）在实验中发现，被一种比较温和的奶牛的疾病牛痘感染过的人不会再被天花所感染，这是第一次获得了真正意义上的疫苗。之后，琴纳医生把从牛痘脓疮中得到的渗出液注射到一个 8 岁男孩的体内，经过 3 次注射后，这个男孩对天花有了完全的抵抗力，疫苗被发现。1980 年 5 月，第三十三届世界卫生大会庄严宣布全世界已经消灭了天花这一烈性传染病。

19 世纪中叶，法国科学家路易斯·巴斯德（Louis Pasteur）发明了细菌的纯种培养技术以及减毒疫苗的制备技术，通过用于牛、羊炭疽病的预防试验，获得了成功。到 19 世纪末巴斯德又研制了狂犬病疫苗，并成功救治了一个被疯狗咬伤的男孩的生命。之后，利用巴斯德的减毒疫苗的制备理论，埃米尔·阿道夫·冯·贝林（Emil Adolf von Behring）和北里柴三郎分别成功研制出了白喉和破伤风疫苗等。随着更多疫苗种类的获得，疫苗得到了极为广泛的应用，从而控制和消灭了天花、麻疹、白喉、百日咳、破伤风、脊髓灰质炎等多种传染病。

随着社会的进步和科学技术的发展，目前的疫苗已经远远超出了特定传染病的传统预防和控制范畴，并已扩展到寄生虫病、肿瘤、遗传病、同种免疫性疾病、自身免疫疾病等非传染性疾病的预防、控制和治疗上。

疫苗可以说是目前医学史上最有潜力的防御物质。注射或口服疫苗后，受体的免疫系统被激活，从而诱导产生针对致病物质的抗体。如果相同的致病物质再次入侵，免疫系统将被迅速激活，中和或灭活被感染的致病物质，从而抑制致病物质的繁殖，降低或消除致病性。

1. 疫苗的分类

疫苗按其功能可分为两类：预防性疫苗和治疗性疫苗。对疾病起预防作用的疫苗，称为预防性疫苗。包括牛痘苗、麻疹减毒活疫苗、卡介苗、人用狂犬病纯化疫苗、脊髓灰质炎灭活疫苗、流行性乙型脑炎活疫苗、等。预防性疫苗对健康人群起到了很好的免疫保护作用，但对于已经感染了的机体，特别是长期带菌或携带病毒的慢性感染者往往不能诱发有效的免疫应答。因此，对一些病因不明又难以治疗的慢性感染、肿瘤、自身免疫病、移植排斥、超敏反应等疾病的治疗就用到了治疗性疫苗。治疗性疫苗是对疾病起治疗作用的疫苗，包括感染性疾病的治疗性疫苗（包括由病毒、细菌、原虫、寄生虫等病原体感染的疾病）、肿瘤治疗性疫苗（如前列腺癌、肾癌、黑色素瘤、乳腺癌、膀胱癌等）、自身免疫性疾病治疗疫苗（如红斑狼疮、类风湿关节炎、自身免疫脑脊髓炎等）、移植治疗性疫苗（通过封闭协同刺激分子，诱导对移植物的免疫耐受来延长移植物的存活期）、变态反应治疗疫苗（如各类过敏和哮喘病等）。

2.传统疫苗与新疫苗

根据疫苗的生产过程，疫苗可分为传统疫苗和新疫苗。传统疫苗是指通过灭活或减弱病原体以保持免疫原性，并消除其传染性或毒性来有效控制各种传染病的疫苗，传统疫苗有许多局限性。20 世纪 80 年代中期，研究人员将基因工程等生物技术应用于疫苗的生产，产生了一系列的新型疫苗（如重组疫苗），这些新型疫苗的应用克服了传统疫苗的一些缺陷，为疫苗的应用提供了更广阔的发展前景。

（二）生物与医学诊断

1.现代分子诊断技术

现代分子诊断技术是指利用免疫学和分子生物学方法诊断和检测致病物质。它具有特异性强、灵敏度高、操作简单的特点，为及早发现疾病并抓住良好的治疗机会提供了保障。一些数据显示，现代分子诊断技术可以用来检测刚刚经历两周致癌过程的小白鼠细胞。目前常用的方法是酶联免疫吸附测定核酸杂交、PCR-酶解鉴定、单克隆抗体诊断等方法。

2.酶联免疫吸附测定

利用传统诊断程序诊断病因主要取决于人们对某种病原物性质的了解，利用这种病原物与其他病原物生物学特性的区别进行诊断。临床工作中，将这种病原物与其他病原物比较，分析其特殊的生物学特性，即病原物产生的特定的生化成分，从而诊断出病原物的种类，进一步确定病因。

酶联免疫吸附测定（ELISA）法是于 1971 年由瑞典的恩格瓦尔（Engvall）等人建立，他们分别以纤维素和聚苯乙烯作为固相载体吸附抗原或抗体，并结合酶技术检测相应抗体或抗原。1974 年 Voller 等人又将固相支持物改为聚苯乙烯微量反应板，从而使 ELISA 法在临床上得以广泛应用。目前临床上应用的主要有测定抗体的间接 ELISA 法和测定抗原的双抗体夹心法。

虽然临床上 ELISA 法是一种行之有效的检测方法，但在很多种情况下，仅凭 ELISA 的结果是难以得出确定结论的，ELISA 法的检测结果必须与其他检测方法的结果结合到一起才可以得出正确的诊断结论。历史上曾经出现过仅凭 ELISA 的检测结果，导致误诊一个美国病人为 HIV 阳性的例子，给病人造成严重的精神恐慌。

（1）ELISA 法的技术原理

酶联免疫吸附测定 ELISA，是指利用抗体可以与相应抗原特异性结合的原理，通过抗原－抗体的特异性识别反应进行检测的一种现代分子诊断技术。由于其诊断程序特异而简便，故被广泛应用于临床。

总的来说 ELISA 法的工作原理就是利用抗原或抗体与目标分子的特异性结合反应检测待测样品中是否含有目标分子。

（2）单克隆抗体和多克隆抗体

ELISA 法要制备抗原检测抗体或者制备抗体检测抗原，抗体的制备是用抗原直接免疫动物，在被免疫的动物血清中含有相应的抗体，将抗体纯化从而获得临床诊断过程中所用的抗体。

一个抗原往往含有多个抗原决定簇，即使通过纯化技术处理后也无法避免，因此由此方法制备的抗体是一种含有可分别与多个抗原决定簇结合的多种抗体的混合物，这种混合物称为多克隆抗体。多克隆抗体具有很多缺点，如：①特异性较低。不同病原体可能会含有相似的抗原决定簇，多克隆抗体就会与不同的病原体产生抗原－抗体反应，从而造成临床的假阳性诊断。②产品的质量稳定性差。由于被免疫动物的个体差异，被同种抗原免疫后，由于抗原含有多种不同的抗原决定簇，不同批次免疫动物产生的抗体混合物中针对不同抗原决定簇的抗体的含量不同，这就导致了不同批次之间的抗体稳定性差。③生产周期较长、步骤多、成本高。

多克隆抗体的这些缺点限制了这种抗体在临床上的应用。

单克隆抗体是只识别一种抗原决定簇，只与一种抗原决定簇特异性结合的抗体，是利用细胞融合技术，在体外大量培养融合细胞，由融合细胞产生大量的抗体。由于单克隆抗体只识别一种抗原决定簇，因此其具有特异性强、成分均一、灵敏度高、产量大、质量稳定性好、容易控制等优点，在 ELISA 法中利用单克隆抗体极大提高了检测结果的准确性。目前世界各国建立的单克隆抗体品种数以万计，上市的有数千种。

3. DNA 诊断系统

一个生物体的各种性质和特征是由它所含有的遗传物质所决定的，任何一个基因的改变都可以使人患遗传疾病，目前发现的人类遗传性疾病就有6000 多种。重组 DNA 技术不仅极大地丰富了人类遗传病分子病理学的知识，同时也提供了从 DNA 水平对遗传病进行基因诊断的手段。其原理是：任何一个决定特定生物学特性的 DNA 序列都是独特的，可以用作专一性的诊断标记。临床上通过基因分析可以直接检测基因的缺失／插入、倒位、动态突变和一些高发的点突变等。此为现代分子诊断技术中的 DNA 诊断系统。

（1）DNA 分子杂交技术

不同来源的单链 DNA，在一定条件下，通过碱基配对形成双链 DNA 杂合分子的过程称 DNA 分子杂交。DNA 分子杂交法通常要制作特定的探针，即对天然的或人工合成的 DNA 片段进行放射性同位素标记或荧光标记制成探针，经分子杂交后，检测放射性同位素或荧光物质的位置，寻找与探针互补的 DNA。DNA 分子杂交法作为一种重要的分子生物学分析技术，已广泛应用于测定基因拷贝数、基因定位以及疾病诊断等方面。

（2）聚合酶链式反应诊断技术

聚合酶链式反应（PCR）技术是一种体外扩增特异 DNA 片段的技术，能快速、准确地从少量、复杂的 DNA 混合物样品中扩增目标 DNA 片段。

PCR 技术于 1985 年由穆利斯（Kary Bunks Mullis）发明，穆利斯并因此获得了诺贝尔奖。PCR 技术除了用于分离和制备基因工程目的基因外，还有一种主要用途，即用于某些疾病诊断中。诊断原理即以传染性因子的特异 DNA 序列作为目标 DNA 片段，并以这段目标 DNA 片段设计引物，对待测样品进行 PCR 扩增，如果检测出相应的扩增带，则判定为阳性，若无相应扩增带则判定为阴性。这种疾病的诊断技术在临床上应用广泛，目前能利用这种技术检测的传染性因子有结核杆菌、淋球菌、多种导致腹泻的肠道传染性细菌、丙型肝炎病毒、人类免疫缺陷病毒、乙肝病毒、巨细胞病毒、肺炎支原体等。

PCR 技术的工作原理是以通过变性得到的 DNA 的一条链为模板，在多聚酶的催化下，通过碱基配对，使目标 DNA 片段与目标 DNA 两端互补的寡核苷酸引物结合成新的 DNA 双链结构，并经多次循环，使目标 DNA 的数量增加至原始量的 2 倍（达到检测量）。通过目标 DNA 的这种复制扩增使目标 DNA 的数量短时间内快速达到检测要求，从而实现临床诊断。

4. 基因芯片诊断

基因芯片是指大量的靶基因或寡核苷酸片段有序、高密度地固定排列在玻璃、硅、塑料等硬载体上，同时大量的探针固定在载体上，从而可以一次性分析和检测大量的样品序列。目前研究人员已经分析了各种遗传疾病的基因序列，并根据这些序列合成了基因探针，以检测各种遗传疾病，这有助于优生优育，预防和治疗遗传疾病。基因芯片像计算机上的微处理器一样，能快速地解读遗传基因的碱基排列，瞬间破译碱基序列成为现实。目前我国科研人员已率先建立了含有 8000 多个不同人类基因的互补 DNA（cDNA）阵列，已在肝癌、乙型肝炎和艾滋病等疾病的诊断中显示了巨大的优越性。

基因芯片的诊断类型主要分为两类：原位合成和合成后点样。支持物主要是经过特殊处理的玻璃片、硅片、聚丙烯膜、硝酸纤维素膜、尼龙膜等。原位合成的支持物在聚合反应前要先使其表面衍生出羟基或氨基，并与保护基建立共价连接。合成后点样的支持物表面带上正电荷，以吸附带负电荷的探针分子，通常需经氨基硅烷或多聚赖氨酸等处理。

（三）生物与疾病治疗

人体生物学作为生物学的一个重要分支，密切关系到医学发展。它对人类与其他生物之间的异同点进行了着重研究。从这个角度看，在生物医学领域中人类生物学是极其重要的。不管是从量子水平和分子水平，还是从组织、个体、器官甚至宇宙层面，生物医学都持续对人体的不同层次进行阐述，尤其是人体的微观层面，越来越多的研究生理和病理过程中个体的发生以及死亡，越来越深入地对疾病的产生、发展、终结和干预机制进行揭示，对分子生物学的研究成果而言，不仅对一些疾病的分子机制进行了分析，而且还能对这些分子病进行一定程度上的治疗。

1. 干细胞治疗

生物技术的进一步发展使得利用生物技术培养人类胚胎干细胞和进一步培养用于疾病治疗的人体器官成为可能。在医学上，干细胞最常以移植造血干细胞来治疗白血病和一些遗传性血液疾病。造血干细胞移植是治疗白血病和一些遗传性血液疾病的新方法。此外，它对肿瘤和免疫系统疾病有很好的疗效。

2. 基因治疗

（1）基因治疗简介

基因治疗是利用基因来治疗疾病，即引导基因进入人体，控制目标基因的表达，抑制、替换或补偿缺陷基因，从而恢复受体细胞、组织或器官的生理功能，达到治疗疾病的目的。

遗传疾病被认为是生理缺陷、儿童死亡和成年人疾病的主要原因，而肿瘤是目前死亡率最高的三大疾病之一。随着分子生物学和分子遗传学等学科的飞速发展，人们逐渐认识到许多疾病如遗传性疾病、肿瘤等疾病的发生大致可归结为两种情况：一种情况是人体细胞中某些基因被改变或外源病原体的基因产物与人体基因相互作用，从而导致基因改变，基因的改变导致编码的蛋白质也发生了改变，从而不能正常执行功能，使含有这种异常基因的细胞发生病变；另一种情况是编码蛋白的基因没有发生突变，而是该基因的表达失去了应有的控制，造成这种基因表达的蛋白过多或过少，从而影响细胞的分裂，这是许多癌症患者的患病原因。随着对这些疾病的发病机制的深入了解和各相关学科的飞速发展，人们逐渐提出了基因治疗的设想。

（2）基因治疗的路线

基因治疗路线大致分为：性细胞基因治疗和体细胞基因治疗。

性细胞基因治疗是指将正常基因导入相应的、有基因缺陷的性细胞中，以纠正该基因缺陷。这种技术路线能达到一劳永逸的效果，既可以完全根除患者的病因，也可以使患者的子孙免受这种疾病的痛苦，从而切断这种遗传性疾病的传代。这种技术路线的关键是用正常基因取代患者的缺陷基因，但其操作的难度较大，临床应用还不够成熟。

体细胞基因治疗是指将相应的功能基因导入患者的体细胞中，使之合成治疗性蛋白质。利用该蛋白质的药理和生理功能的发挥达到治疗疾病的目的。目前临床中，这种方法是基因治疗研究的主流，在恶性肿瘤、心脑血管疾病、自身免疫病、内分泌疾病、中枢神经疾病等各种基因疾病和传染性疾病的防治研究方面已初具成效，很多已进入临床阶段。在临床上，已经有 3000 多例患者通过体细胞基因治疗的技术路线得以康复。

基因可以产生大量生物物质，如胰岛素、生长激素和干扰素，这些物质过去很难人工合成，因此基因治疗在促进医学发展方面发挥了一定的作用。通过研究激素、神经递质受体和神经生物学，我们可以了解细胞是如何协调它们的行为来接收信号并进行控制的。对于生态学的研究成果，基因治疗可以更好地促进一些重大问题的解决，如资源枯竭、人口爆炸和环境污染等。因此，这些研究成果将更好地促进未来医学的发展。

四、现代生物技术的应用

（一）生物技术成为世界竞争的热点

近年来，生物技术逐渐成为科技革命的主体和代表。随着生物学和生物技术的逐步发展，生物芯片、基因组学和生物信息学等相对重要的技术相继出现，从而逐渐扩大了生物技术的范围。随着时代的发展，生物技术的应用范围也将扩展到各个领域，从而成为解决人类社会各种问题最具潜力的技术手段。

多年来，美国人一直引领生物技术行业的发展。现如今，其他地区也迅速崛起，形成了全球新药和生物技术中心。生物医药在世界范围内将形成新的格局。

随着生物技术的繁荣发展，英国近年来催生了数百家新公司，2006 年批准了首批三种生物技术产品——新型麻醉剂、偏头痛和阿尔茨海默氏症。对于荷兰的一家公司来说，其正逐渐向世界领先的纯化遗传材料产品制造商转变。对于法国科学家来说，肥胖基因之谜即将被揭开。对于德国科学家来说，其在心血管研究方面处于领先地位。除此之外，印度研究人员在糖尿病方面将很快取得突破。

随着生物技术的不断发展，德国政府确定了生物技术作为具有竞争力的项目。德国政府于1993年通过了一项新的法律，使生物技术的工业规划趋于合理化。为了建立生物技术研究中心，慕尼黑、科隆附近的莱茵河地区和海德堡地区获得了5000万马克投资。

此外，当大学或研究机构的科学家计划创办自己的企业时，法律将保护他们的知识产权。巴西也在大力支持其生物技术产业。目前，巴西科学家已经率先对癌症基因组进行测序。2002年底，完成了乳腺癌基因组的全长测序。从生物技术产业的发展趋势来看，生物技术是一场时间和空间的竞赛。竞争和合作机会并存，新的生物技术成就的诞生可能会导致该行业形成一种新的模式。

（二）生物技术将向军事领域逐渐深入

现代生物技术在军事领域的应用，极大地提高了获取和处理信息以及仿生伪装隐身等能力。与此同时，也提高了作战平台的作战能力和生存能力，生物武器和军事后勤装备的新概念将对未来可能发生的战争起到一定程度上的帮助作用。

第二节　生物学概述

一、现代生物学学科分类

现代生物学已发展成为包括众多分支学科的庞大知识体系。各门分支学科主要是根据具体的研究对象、研究内容、研究层次和研究方法的不同来划分的。

生物的一些分支学科是根据其研究对象所属的生物类群划分的，如动物学（zoology）、植物学（botany）、微生物学（microbiology）、人类学（anthropology）以及古生物学（paleontology）等，这些学科可划分为更小的分支学科，如动物学可划分出昆虫学（entomology）、鱼类学（ichthyology）等。

由于生物的高度复杂性，对生命活动的各个方面和各个层次需进行专门研究。

根据研究内容的不同而划分出的学科主要有：形态学（morphology）、解剖学（anatomy）、分类学（taxonomy）、胚胎学（embryology）、遗传学（genetics）、生理学（physiology）、病理学（pathology）、病毒学（virology）、免疫学（immunology）、神经生物学（neurobiology）、发育生物学（developmental biology）、进化生物学（evolutionary biology）、行为学（ethology）、社会

生物学（sociobiology）等。

根据研究层次划分出的学科主要有：分子生物学（molecular biology）、细胞生物学（cell biology）、组织学（histology）、种群生物学（population biology）、生态学（ecology）等。

根据研究方法划分出的分支学科主要有：生物化学（biochemistry）、生物物理（biophysics）、生物地理（biogeography）、生物技术（biotechnology）等。

上述分支学科又可分解合并和重组形成其他分支学科，如植物生理学（plant physiology）、动物胚胎学（animal embryology）分子遗传学（molecular genetics）、分子细胞生物学（molecular cell biology）等。

随着生物学的迅速发展以及与其他自然科学的相互渗透，新兴分支学科不断涌现，如随着人类进入太空，宇宙生物学（astrobiology）这一新学科应运而生。

以上所述是构成自然科学的生物学分支学科的主要格局。生物学同时又是农学（agronomy）、畜牧学（animal husbandry）、食品科学（food science）、医学（medicine）和环境科学（environmental science）等应用学科的基础科学。从应用研究角度又可分出多种分支学科，如作物学（crop science）、家畜育种学（animal breeding）、食品微生物学（food microbiology）、药用植物学（medical botany）和森林生态学（forest ecology）等。

因此，生物科学的实际分支学科有很多。一方面，随着生物学的发展，一些研究领域的分支学科会有越分越细、越分越多的现象。另一方面，生物学各分支学科之间以及生物学与其他自然科学之间又日益呈现出相互渗透、彼此交融的趋势。

二、现代生物学的建立和发展

（一）现代生物学的建立

20世纪，由于物理学、化学等自然科学的渗透，以及各种先进研究设备和方法的应用，生物学的发展尤为迅速。

20世纪伊始，德弗里斯（de vrier H.M）、柯伦斯（K. Correns）和西马克（E. Tschermak）几乎同时发现他们各自的实验结果与前辈孟德尔研究论文的结论相符，孟德尔遗传理论的成功验证立即引起强烈反响，预示生物学的核心学科遗传学的发展时机已经成熟。随后，摩尔根（T. Morgan）等在孟德尔遗传规律的基础上，开展果蝇的细胞遗传学实验研究，于1926年发表《基因论》，提出了遗传学的第三定律即基因连锁和交换规律，确定基因存在于染色体上。

从而摩尔根建立了以三大遗传规律为核心的经典遗传学理论。

20世纪40年代，遗传学和生物化学在微生物学领域结合起来。比德尔（G. Beadle）等1941年提出"一个基因一个酶"学说，把基因与蛋白质功能联系起来。艾弗里（O. Avery）等人于1944年证明DNA是引起细菌遗传转化的物质。赫尔希（A. Hershey）等人于1952年用放射性同位素示踪法证明DNA是噬菌体的遗传物质。这些研究成果成为分子生物学的先导。

沃森（J. Watson）和克里克（F.Crick）于1953年参考富兰克林（R.Franklin）和威尔金（M. Wilkens）的DNA X射线衍射照片成功搭建出DNA分子的双螺旋结构模型，从分子结构与功能的角度解释了DNA的两大功能：复制和贮存遗传信息。这一成就被认为是分子生物学诞生的标志。

分子生物学的发展速度是前所未有的，这一领域的研究已获得了许多重大进展。继沃森、克里克等荣获1962年的诺贝尔医学和生理学奖之后，又相继出现了众多诺贝尔奖得主。

此后，克里克和沃森一直活跃在分子生物学领域。克里克于1958年提出了遗传信息传递的"中心法则"，并在20世纪60年代破译遗传密码的研究中发挥了组织指导的重要作用。沃森则成为20世纪90年代初开始的分子生物学领域最雄心勃勃的研究项目——人类基因组计划（Human Genome Project）的主要发起者和组织者之一。这是一项以成功绘制包括约3万个基因，共约30亿个碱基对组成的核苷酸序列的人类基因组为终极目标的庞大科研计划，已有许多一流分子生物学实验室参与其中，数以千计的科学家正应用各种最先进的设备和大型计算机开展相关研究工作并处理大量实验数据。这项总投入达30亿美元的研究在21世纪初期的3～5年内完成。

随着分子生物学的兴起，生物学跻身精确科学行列，并一跃而成为当代成果最多和最引人注目的基础学科之一。在分子生物学研究基础上发展起来的生物技术，包括基因工程、细胞工程、酶工程和发酵工程等，已成为现代新技术革命的重要组成部分，生物技术为解决人类面临的诸如随着人口增长不断加深而导致的粮食问题、医疗保健问题、能源和环境问题等全球性问题提供了新的思路。

分子生物学还带动了整个生物学的全面发展，深刻影响到每一个分支领域。现代生物学在发育学、免疫学、神经生物学、进化生物学和生态学等领域取得了诸多重大成就。

在近十年里，生物学取得的成就是辉煌的。然而，对于生命奥秘的深度和广度而言，现代生物学的成就仍然只是一个开端。科学界普遍认为，生物学在整个自然科学中的地位将在 21 世纪得到进一步提升，因此有"21 世纪是生命科学的世纪"之说。

（二）现代生物学的发展

21 世纪，现代生物学发展的大趋势是对生命现象的研究不断深入和扩大，向微观和宏观、最基本和最复杂两极发展。这种发展趋势的特点为：

首先，分子生物学将继续保持蓬勃发展的态势。基于分子生物学的兴起和发展，许多蛋白质、核酸的一级结构和立体结构已经被明确，甚至有的已人工合成。通过对这些生物大分子结构和功能的研究，成功揭示了生物的遗传、生长分化、神经传导和免疫等许多生命现象的奥秘，人们对生命现象的认识加深，同时也带动生物学的各分支学科向分子水平发展。

其次，生物学家对生命的认识和思考有了新的角度，正在从局部观向整体观发展，从线性思维走向复杂思维，从注重分析转变为分析与综合相结合。因为生命系统无论在宏观层次上还是微观层次上都有着复杂的性质，只有用系统和综合的观点去分析生命系统，才能理解生命的非线性特征及其宏观和微观现象。综合建立在分析的基础上，分析是为了更好地综合，二者是辩证的统一。

再次，多学科不断交叉与融合。不仅是在现代生物学各分支学科之间，而且还是在生物学的发展过程中，物理学、数学、化学、计算机、技术科学等不断向生物学领域渗透，新理论、新概念与生物学问题的有效结合，促使新的交叉学科、边缘学科不断形成，新技术、新方法的广泛采用，极大地促进了生物学的发展。多学科间的渗透和融合，将从不同层次有机结合从而揭开生命之谜。

最后，生物学基础研究与应用研究的结合越来越紧密。分子生物学兴起不到半个世纪所取得的成果，已在很多方面产生了巨大效益。目前生物技术的应用已遍及农业食品、医药卫生、化工环保、生物资源、能源和海洋开发等各个领域，表现出其对解决人类所面临的食品、健康、资源和环境等重大问题的巨大作用和市场潜力。生物技术产业将成为最主要的产业之一，为 21 世纪全球的经济发展提供强大的推动力。

第三节 生物学的发展及主要趋势与展望

一、生物学的发展概况

（一）第一个阶段

远古到 16 世纪前。

在 16 世纪之前的古代社会，人们常常把对生命现象的理解与疾病斗争、农牧业、牲畜生产和宗教迷信活动（如制作古代木乃伊）联系在一起，因此积累了关于动物、植物和人类自身的解剖、生长、发育和繁殖的知识。到古希腊时，人们已经开始对生命现象进行深入的专门研究。亚里士多德在《动物志》中详细描述了他对动物解剖、生理习惯、胚胎发育和生物群体的观察，并对生命现象进行了许多深刻的反思。亚里士多德的观点和方法主要反映了那个时代的特征。观察和哲学是混合的，描述和推测也是混合的。从那时起，西方已经进入了漫长的中世纪，科学的发展受到了极大的阻碍。中国古代神农尝过数百种草药。贾思勰的《齐民要术》、李时珍的《本草纲目》以及关于花、竹、茶等养殖技术的书籍记录了大量涉及动植物的观察和分类学研究，虽然还没有形成真正的科学体系，但这些作品在生产和医疗中的应用是突出的。

（二）第二个阶段

从 16 世纪到 20 世纪中期。

具体而言，人们大都认为 16 世纪才建立了现代生物学体系。人们基于观察生命现象，对生物学开展了相关研究，并且陆续建立了生物的分支学科，庞大的生物学体系得以有序形成。

现代生物学可以说是从形态学开始创立的。1543 年比利时医生维萨里（Andreas Vesalius）出版了《人体构造》一书，这对形成基于血液循环研究的生理分支学科起到了一定程度上的促进作用，也对建立解剖学起到了推动作用。1628 年，英国医生威廉·哈维（William Harvey）发表了《心血循环论》。解剖学和生理学的建立为人们研究生命现象起到了一定的促进作用。18 世纪以后，由于自然科学的迅猛发展，生物学也逐渐取得了飞速发展，与此同时，一些生物学的重要分支已经建立起来了，主要是细胞学、进化论和遗传学，对现代生物学的构成了起到了一定作用。1665 年英国的物理学家罗伯特·胡克（Robert Hooke）用自制的简陋的显微镜观察了软木薄片，发现了许多呈蜂窝状的小室，并将其命名为"cell"。瑞典科学家林奈于 18 世纪 50 年代创立了科学的分类体系，打开了当时生物分类的混乱局面。19 世纪初，在法国一些生物著作中正式出现了"生物学"一词。1838年德国植物学家施莱登（M.J.Schleiden）提出细胞是一切植物结构的基本单位，并且是一切植物赖以发展的根本实体。1839年德国动物学家施旺（Theodor Schwann）把这一学说扩大到动物学界，从而形成了细胞学说，即一切植物、动物都是由细胞组成的，细胞是一切动植物结构和功能的基本单位。1859年11月24日，达尔文（Charles Darwin）《物种起源》的正式出版标志着生物进化论的产生和确立。细胞学说与生物进化论是19世纪生物科学史上的重大事件，它们共同揭示了生物界的统一性及发展规律，是生物发展史上的里程碑。恩格斯将它们和能量守恒与转换定律并称为19世纪人类自然科学的三大发现。在19世纪中期，法国科学家巴斯德（Louis Pasteur）创立了微生物学。微生物学直接导致了医学疫苗的发明和免疫学的建立，推动了生物化学的进展，并为分子生物学的出现准备了条件。19世纪中后期到20世纪初期，孟德尔（Gregor Mendel）遗传定律的发现和摩尔根（Thomas Hunt Morgen）的基因论宣告了现代遗传学的创立。遗传学科学地解释了生物的遗传现象，用进化理论解释了染色体结构和生物进化的发现，并且对染色体上的遗传物质进行了识别，推动了DNA双螺旋结构和规律的发现，对建立分子生物学起到了促进作用。

（三）第三个阶段

20世纪中期以来，生物学在各个学科之间的相互交叉、渗透、融合，使得人们对"大科学"发展的历史阶段有了一定的认识。可以说，20世纪生物科学取得的最伟大的成就就是建立了分子生物学。

此后，在生物学的各个领域逐渐渗透了分子生物学思想和研究方法，对生物学的发展起到了至关重要的作用，也推动了1990年人类基因组计划的启动，该计划是20世纪三个科学项目之一，与曼哈顿计划和阿波罗登月计划一起启动。到2003年，已经被全部测定的人类基因组有30多亿个碱基序列。由此可见，人类逐渐步入了后基因组时代。

二、现代生物学的发展趋势与展望

生物学密切关系到人类的健康、生存和发展。科学家在未来的二三十年里，将对大部分生物物种的遗传密码进行解读和破译，让人类对自己以及几百年前生命的起源和演化得以充分理解。目前，各国已经逐渐加大了对生物学的研究力度和投入。

（一）从微观角度来看

在生物大分子，特别是基因组学的结构和功能上取得进展后，科学家逐渐深入到宏基因组学时代。通过对功能基因组学和比较基因组学的研究，不难发现探索基因、细胞、遗传学、发育、进化和大脑功能已经逐渐形成了一条主线。

分子生物学在未来的 10 ～ 20 年里，将继续成为主导生物学的重要力量。随着分子生物学的建立，传统生物学研究不断向现代实验科学进行转变。从微观层面来讲，分子生物学正不断深入探索细胞的发育和进化。近年来，人们一直关注的焦点就是细胞的周期、凋亡和死亡。由于实施了人类基因组计划，生物学领域的大规模密集研究逐渐出现，并最终向大规模高通量研究时期迈进。

研究生物学必将导致多学科融合的现象出现。通过数学、化学、信息科学等和生物学的有机结合，生物学本身将在一定程度上和其他自然科学学科的发展得到推动。未来，生物研究将需要越来越多的技术和设备，生命奥秘揭示的突破口在于创新仪器和方法。大部分在之前被当作基础研究的工作在后基因组时代，开始密切加强联系以及应用实践。对于前期的研究工作来说，企业将更多地介入并参与进来，从而能够使研究成果更快地转化为产业。

生物学的不断发展，将对技术和应用研究的发展起到一定程度上的带动作用。随着基因工程、发酵工程、酶工程、细胞工程、蛋白质工程、胚胎工程等生物工程这些技术的不断发展，农业、医疗和保健业的未来发展势必将会受到一定影响。

现代生物学家对生物学的研究可以说是一个跨单位、跨地区和跨国家的大型综合研究。他们的研究领域已经不再局限于一两个基因或蛋白质，而是成千上万个基因或蛋白质，他们的研究重点也已经不再仅仅局限于代谢途径或信号转导途径，而是细胞活动网络和生物大分子之间的复杂关系。目前，随着生物学研究内容和范围的逐步深化和扩大，多实验室合作研究模式已经成为一个主要的发展趋势。

此外，复杂系统理论和非线性科学的发展在一定程度上促进了局部生物学思想和方法论向整体生物学思想和方法论的扩展，从注重分析向分析与综合相结合转变，同时从线性思维向复杂思维扩展，出现了新的学科生长点，表明全面发展的理论时期即将到来。

（二）从宏观角度来看

生命起源和进化、分类学、生态学、生物资源和可持续发展以及生物复杂性的研究也取得了一些进展。特别是，生物学的发展正面临着新的高峰，如微观和宏观的结合、分析和合成、单一基因和整体、个人和群体以及各种新技术的应用等。

第四节 现代生物学人才培养研究

一、建立科学的课程体系

针对专业人才培养目标，在人才培养模式和项目建设原则的基础上，构建综合课程计划。整个课程计划主要包括学科课程、培训课程、理论与实践的整合。其中，理论课程包括公共基础课程、专业基础课程、专业课程和专业选修课程。实践课程包括培养学生基本实践能力的公共基础实践课程和技能训练类实践课程、培养学生专业实践能力的实践课程、培养学生创新研究能力的以综合实践项目课程为主的理论实践一体化课程，以及培养学生创业与社会适应能力的毕业设计。

（一）明确课程设置方向

在构建课程体系的过程中，主要是以培养能力为方向，实现课程体系构建的"模块化"。根据培养标准实现对学生知识、能力和素质等方面的要求，通过打破课程之间的界限，整体构建课程体系，有针对性地将一个专业内相关的教学活动组合成不同的模块，并使每个模块对应明确的能力培养目标，当学生修完某模块后，就应该能够获得相关方面的能力。通过模块与模块之间层层递进、相互支撑，实现本专业的培养目标，并将传统的人才培养"以知识为本位"转变为"以能力为导向"。

生物专业应该始终围绕着培养能力来设置教学模块的具体内容。并且针对本模块的培养目标有选择性地构建教学内容，将传统的课程转变为面向特定能力培养的"模块"。同时，整合传统课程体系的教学内容，实现模块教学内容的非重复性。另外，充分发挥合作企业所具有的工程教育资源优势，与企业共同开发和建设具有综合性、实践性、创新性和先进性的课程模块。

经过专业教师的研究讨论，将人才培养方案中具有相互影响的、有序的、互动的、相互间可构成独立完整的教学内容体系的相关课程整合在一起构成课程群。通过课程群来整合课程教学内容，规划课程发展方向和新课程的建设，将学生能力培养任务完全融于课程群之中。力求以重点课程的建设带动整个课程体系的建设，实现以点带面的建设促进本专业整个课程建设质量的提升。

（二）更新课程内容

每门课程的教学内容仍然以课程的基本理论、基本知识和基本技能为核心，并适当添加该学科的发展前沿。对该课程的教学内容进行科学大胆的改革，消除旧的教学内容，增加反映学科发展的新内容，建立新的教学体系。与此同时，还应加强相关课程的教学内容整合。注意调整课程之间的纵向和横向关系，如与生物化学和分子生物学相关的遗传学、细胞生物学、微生物学的教学内容应根据需要进行协调，以便相关课程之间进行相互关联，同时也要避免重复，使每门课程都独一无二。

二、编写高质量的教材

随着生物科学的快速发展，新理论、新概念和新技术不断涌现，形成了一些新的学科。目前，一些基础课程和专业课程已经过时，不能反映该学科的当前发展，不适合当前的教学。因此，有必要组织具有丰富教学经验并掌握学科发展动态的教师编写新教材。努力使教科书反映该学科的基础理论、新技术和新成果。编写适合教师教学和学生自学的中国特色教材。倡导教材多样化，为同一门课程出版不同特色的教材，供教师和学生选择，充分发挥所有学校教师编写教材的积极性。

三、改革教学方法

（一）更新教学方式

我们应该积极转变课堂教学方式，由传统的"灌输"式教学转变为"探索"式教学。倡导启发式和讨论式教学使课堂生动活泼。改革考试方式，将单一闭卷笔试改为开卷和闭卷考试两类，笔试和口试相结合，丰富检验学生学习成果的方式。考试形式考试命题注重学生的综合分析能力，促进生物学教学方法的转变，为全面提高学生的综合素质和个性发展创造条件。

积极开发各种基础课程的计算机多媒体教学软件，逐步实现计算机辅助教学，扩大课堂教学信息量，以上方法不仅可以大大提高教学效果，还可以节省课时，有助于调动学生的学习积极性和主动性。

（二）加强实验教学

实验教学改革包括实验内容的改革和实验手段的更新。生物学是一门实验科学。通过实验训练提高学生的科研素质和分析解决问题的能力，实验也是培养高素质基础生物学人才的关键之一。因此，为了加强实验教学改革，有必要认真研究生物学专业应该培养哪些生物实验技术和实验方法，包括宏观、微观和分子水平。在此基础上，制定实验课程内容的改革和建设方案。消除经验证和过时的实验，应该设计更全面且具有创造性的研究性实验，并且应该尽可能采用现代的实验技术和方法。在教师的指导下运行，逐步向学生开放实验室，让学生设计自己的实验并总结实验结果，让学生通过掌握主动权的方式提高实践能力和创新意识。

在所有教学环节中，要加强学生获取和使用知识能力、实验能力、科学思维能力、分析和解决问题的能力、创新能力的培养，并进行贯穿整个教学过程的能力培养，以提高学生的整体生物学素质。

四、开设学术讲座

为学生开设"现代生物学讲座"，讲座的内容可以涵盖生物学的各个领域，通过讲座，学生可以了解生物学的研究趋势，激发学生的学习兴趣和热情。此外，应该鼓励学生参加更多由学院和部门组织的学术活动，拓宽学生的视野，增加科学信息，并为选择专业培训方向奠定基础。

五、加强特优人才的选拔和培养

我们需要教育学生树立不迷信权威、不墨守成规、不满足于现状、不害怕失败、不畏惧尝试、不断创新、开拓进取的理念。

生物学人才的培养是一项综合性的工程，需要各方面的支持。关键是加快教学内容和课程体系的改革，建设一支老年、中年、青年相结合的红色专业师资队伍。我国每所大学的生物专业都有自己的优势。我们应该扬长避短，建立独特的生物学专业，不断为国家输送高素质的基础生物学人才。

第二章 现代生物学学习理论与教学创新

第一节 现代生物学学习理论

一、行为主义理论

行为主义理论认为学习就是刺激与反应之间的联结，常用 S-R 表示。该学派的代表人物主要有桑代克、巴甫洛夫、华生、斯金纳等。

（一）桑代克的联结学说

桑代克是美国著名心理学家，西方教育心理学的奠基人之一，学习"联结说"的创立者。他从 1896 年开始从事动物学习实验的研究。他研究过的动物有鱼、鸡、狗、猫等，其中最著名的是"猫的迷箱实验"。正是在这项著名的实验研究中，桑代克发现了动物学习过程中所表现出的"尝试错误"现象，并据此提出了学习的联结理论。

在桑代克设置的实验情境中，饥饿的猫被关在"迷箱"里，迷箱的外面有引诱猫冲出迷箱的食物。刚关入迷箱时，猫受饥饿和遭禁闭产生的"不愉快感觉"的驱使，竭力想从任何豁口挤出来，咬栅栏或铁丝，抓力所能及的各种东西，挣扎的劲头非常大，直至碰巧抓住线、环或扣，打开门逃出箱外。桑代克把冲出来的猫再次关进箱内，如此反复多次，猫从被关进箱内到打开开关、冲出箱外所用的时间越来越短。最后小猫竟然"学会"了如何打开开关从箱子里逃出来。只要把小猫放进箱子里，它就能用一定的方式抓住门上的环或扣。桑代克还用狗、小鸡等动物做实验，发现所有实验动物的行为表现都很相似：初次进入一只新的迷箱，它们的活动都不是依据对箱子性质的理解而进行的，而是依据某种一般的冲动行事。随着错误反应的逐渐减少，正确反应的逐渐巩固，最终形成了固定的、稳定的刺激－反应联结。

桑代克的学习理论的要点为：

①将学习归结为刺激（S）－反应（R）的联结形式。

②这种联结是通过尝试错误建立的。换句话而言，桑代克认为学习的本质就是 S-R 之间的联结，学习过程的方式就是尝试错误。

桑代克在一系列动物实验的基础上，总结出三条主要的学习律：练习律、准备律和效果律，并且还提出了五个补充性的学习原则。

①多式反应或变式反应原则。

②情境中的个别要素（或显著特征）具有决定反应的原则。

③同化或类化的原则。

④联结转移原则。

⑤定向、态度或顺应的原则。

这些学习律和学习原则构成了桑代克基本的系统学习观。

（二）巴甫洛夫的经典条件反射学说

巴甫洛夫是俄国著名的生理学家，他利用条件反射的方法对人和动物的高级神经活动做了许多研究，他的条件反射学说被公认为是发现了人和动物学习的最基本机制的理论。其学说的基本要点为：

①学习是大脑皮层暂时神经联系的形成、巩固与恢复的过程。巴甫洛夫认为"所有的学习都是联系的形成，而联系的形成就是思想、思维和知识"。他所说的联系就是暂时神经联系。他说："我们的一切培育、学习和训练，一切可能的习惯都是很长系列的条件反射。"他利用条件反射的方法对人和动物的高级神经活动做了许多推测，发现了人和动物学习的最基本的机制。

他将一定频率的节拍器声响（条件刺激，CS）与肉粉（无条件刺激，UCS）多次结合来研究狗的学习，原先只由肉粉（UCS）引起狗的唾液分泌（无条件反应 UCR），现在节拍器单独出现可以引起类似的唾液分泌反应（CR）。也就是说当条件刺激和唾液分泌反应之间形成了巩固的联系时，学习出现了。也就是说在这个情境中狗学会了听一定频率的节拍器声响。

②提出了引起条件学习的基本机制为习得律、泛化和分化。

第一，习得律。有机体对条件刺激和无条件刺激（狗对铃声和食物）之间的联系的获得阶段为条件反射的习得阶段。这个阶段必须将条件刺激和无条件刺激同时或近于同时地多次呈现，才能建立这种联系。他认为无条件刺激在条件反射中起着强化作用，强化越多，两个兴奋灶之间的暂时神经联系就越巩固。如果反应行为得不到无条件刺激的强化，即使重复条件刺激，有机体原先建立的条件反射也将会减弱并且消失，这称之为条件反射的消退。

第二，泛化。指条件反射一旦建立，那些与原来刺激相似的新刺激也可能唤起反应，这称之为条件反射的泛化。

第三，分化（辨别）。分化是与泛化互补的过程。泛化是指对类似的事物做出相同的反应，辨别是对刺激的差异的不同反应，即只对特定刺激给予强化，而对引起条件反射泛化的类似刺激不予强化，这样，条件反射就可得到分化，类似的不相同的刺激就可以得到辨别。

（三）华生的刺激–反应学说

华生在巴甫洛夫条件反射实验的影响下，提出了刺激–反应学说。华生认为，有机体的行为完全是以刺激与反应的术语进行解释的。他不考虑有机体的内部状态，认为这一部分是"黑箱"。因此，该学说的公式也是 S-R。华生认为学习的实质是形成习惯，而习惯是通过学习将由于遗传对刺激做出的零散的、无组织的、无条件的反应变成有组织、确定的条件反应。他提出了两条学习的基本规律。

第一，频因律。华生认为，在其他条件相等的情况下，某种行为练习得越多，习惯形成得就越迅速。因此，练习的次数在习惯形成中起重要作用。在形成习惯的过程中，有效动作之所以保持下来，无效动作之所以消失，是由于有效动作比任何一种无效动作出现的次数都多，这是因为每一次练习总是以有效动作的发生而告终的。即能解决问题的动作在每次练习中是不可缺少的，这种 S-R 的联结建立的次数越多，联结越牢固。

第二，近因律。华生认为，当反应频繁发生时，最新近的反应比较早的反应更容易得到加强。因为在每一次练习中，有效的反应总是最后一个反应，所以这种反应在下一次练习中必定更容易出现。由此，他把反应离成功的远近作为解释一些反应被保留，另一些反应被淘汰的原则。

（四）斯金纳的操作条件反射学说

斯金纳是美国当代心理学家。他在巴甫洛夫经典性条件反射理论和桑代克的学习理论的影响下，于 1937 年提出了操作性条件反射学说，根据操作性条件反射的强化观点提出了自己的学习理论。他提倡程序教学与机器教学。

斯金纳在 20 世纪 30 年代发明了一种学习装置。箱内装上一操纵杆，操纵杆与另一提供食丸的装置相连，把饥饿的白鼠放进箱内，白鼠偶然踏上操纵杆，供丸装置就会自动落下一粒食丸。白鼠经过几次尝试，会不断按压杠杆，直到吃饱为止。这时我们可以说白鼠学会了按压杠杆以取得食物的反应。按压杠杆变成了取得食物的手段，所以操作条件反射又叫工具条件反射。在操作条件反射中的学习也就是操纵杆（S）与压杆反应（R）之间形成了固定的联系。

斯金纳认为由于人的行动多半是各种各样的操作，因此操作行为更能代表实际生活中人的学习情境。斯金纳把重点放在结果控制下的操作学习上。

其学习理论十分重视强化的作用。他认为强化所增加的不是刺激 - 反应的联结，而是使反应发生的一般倾向，即发生的概率，并且对有机物偶然出现的某一动作，如果能立即得到强化，则该动作复现的概率就会大于其他动作；如果强化多次，这个动作就能得以保持。他认为，练习本身并不提高速度，它只为进一步的强化提供机会。所以，强化是塑造行为和保持行为强度的关键，他将学习定义为反应概率上的变化。

斯金纳将凡能增强反应概率的刺激均称为强化物。他认为直接控制强化物就是控制行为，因此必须严格控制强化的程序，采取连续、接近的办法去塑造行为，即把动作分成许多小步子，当有机体每往所需的动作接近一步，就给该步骤以强化，直到最后达到所需要的所有动作。他认为，如果采取这样的方法，无论操作性行为离所设想的目标多么遥远，或者所设想的行为如何复杂，只要一直稳步前进就有可能达到预期的目标，斯金纳将这一理论运用到程序教学和机器教学中去，在教学上影响较大。

二、认知理论

认知派学习理论家认为学习在于内部认知的变化，学习是一个比 S-R 联结要复杂得多的过程。因此认知理论强调有机体自身的能动作用，认为学习是认知结构的改变过程，因此心理学的任务主要不是去观察、改变或塑造人的外部行为，而是去分析人的认知程序结构及规律。该派主要代表人物有科勒、皮亚杰、布鲁纳和奥苏贝尔等。

（一）科勒的学习顿悟说

学习的顿悟说又称完形学说，由德国格式塔理论创始人之一科勒创立。他以大猩猩的解决问题实验为基础，用格式塔心理学的基本观点解释学习的过程和学习的迁移现象。

科勒以大猩猩为被试验对象做了大量的学习试验研究。这些研究主要是给大猩猩设置各种各样的问题，并观察大猩猩解决这些问题的过程表现。最有代表性和说服力的实验有"接竿问题"实验和"叠箱问题"实验。

1."接竿问题"实验

实验时，大猩猩被关在笼子里，笼内放着大、小两根竹竿。大猩猩喜欢吃的香蕉放在笼外大猩猩无法用一根竹竿拨得到的地方。最初，大猩猩为了取得香蕉，一会儿用小竹竿，一会儿用大竹竿来回试着拨香蕉，但都够不着；于是，大猩猩把两根竹竿都拿在手上挥舞着，突然，无意间把小竹竿的末端插入大竹竿中，使两根竹竿连成了一根长竹竿，猩猩马上用它拨到了香蕉，猩猩为自己的"成功"感到高兴，不断地演练这个动作。第二天重复这个实验时，猩猩能很快采用前一天学会的方法，把两根竹竿连起来取得食物。

2."叠箱"实验

科勒把水果悬在笼顶上，笼内放几只空箱子，猩猩进入笼内，见到笼顶上的水果，力图取食，但都无法取到。最初，猩猩在休息时一再在箱上坐卧，但却毫无利用箱子的意思。后来，猩猩搬起箱子，放在水果底下，站在箱子上伸手取水果，但因高度不够，初试未成。猩猩只好坐在箱上休息，突然，猩猩跃起，搬着坐箱，叠在另一只箱上，迅疾地登上箱顶取得水果。几天后，科勒稍稍改变了实验情境，猩猩竟能用旧经验解决新的问题。

科勒根据大量实验的结果最后得出：学习不是依据尝试错误获得的，而是领悟的结果，是对整体知觉的重新组合，学习必须以对整个问题情境的突然领悟为基础。

（二）皮亚杰建构主义学习理论

皮亚杰是当代一位最著名的儿童心理学家和发生认识论专家，他是瑞士日内瓦学派的创始人。

皮亚杰认为，知识既不是客观的东西（经验论），也不是主观的东西（活力论），而是个体在与环境交互作用的过程中逐渐建构的结果。在皮亚杰理论体系中的一个核心概念是图式，图式是指个体对世界的知觉、理解和思考的方式。我们可以把图式看作是心理活动的框架或组织结构。在皮亚杰看来，图式可以说是认知结构的起点和核心，或者说是认识事物的基础，因此，图式的形成和变化是认知发展的实质。

皮亚杰认为，认知发展是受同化、顺化和平衡三个基本过程影响的。

①同化是指个体对刺激输入的过滤或改变的过程。

②顺化是指有机体调节自己内部结构以适应特定刺激情境的过程，顺化是与同化伴随而行的。

③平衡是指个体通过自我调节机制使认知发展从一个平衡状态向另一种较高平衡状态过渡的过程。

他认为认知发展不是一种数量上简单累积的过程，而是认知图式不断重建的过程，所以，我们不能用成人的思维方式来推断儿童的思维，根据认知图式的性质，皮亚杰将认知发展分为以下四个阶段。

①感知运动阶段（0～2岁）。

②前运演阶段（2～7岁）。

③具体运演阶段（7～12岁）。

④形式运演阶段（12岁～）。

皮亚杰在概括他的认知发展阶段的理论时强调：各阶段出现的一般年龄虽因各人智慧程度或社会环境不同有所差异，但各个阶段出现的先后顺序不会变。另外，每一阶段都有其独特的认知图式，这些相对稳定的图式决定了个体行为的一般特征，而认知图式的发展是一个连续不断建构的过程。

关于学习，皮亚杰认为，只有在学习者仔细思考时才会导致有意义的学习，而学习的结果不只是知道对某种特定刺激做出某种特定反应，而是头脑中认知图式的重建。决定学习的因素，既不是外部因素（如来自物理环境和社会环境的刺激），也不是内部因素（如个体生理成熟），而是个体与环境的交互作用。其学习原理的主要观点有。

①学习从属于发展。儿童学到了什么，取决于他的发展水平。

②学习是一种能动构建的过程。

学习并不是个体获得越来越多外部信息的过程，而是学到越来越多有关他们认识事物的程序，即建构了新的认知图式。他强调"你是怎么知道的？"而不是"你知道吗？"如果儿童不能说出他是怎么知道的，就说明他实际上还没有学会。在皮亚杰看来，通过练习，也许可以教给儿童某种知识，但这种知识很快就会被遗忘的，除非儿童能够理解它，即儿童能够把它同化到自己已有的认知图式中去，这种同化只有在儿童积极参与构建时才有可能发生。所以，学习所关注的应该是儿童主动的心理建构活动。

（三）布鲁纳认知结构学习理论

布鲁纳是美国著名的教育心理学家。布鲁纳的学习理论是一种描述和解释学生知识学习过程的学说。他描述了知识学习的过程，阐述了知识学习的条件，提倡知识的发现学习。

1.学习的过程和本质

布鲁纳认为，学习的实质是一个人把同类事物联系起来，并把它们组织成赋予它们意义的结构。学习就是对认知结构的组织和重新组织。知识的学习就是在学生的头脑中形成各学科知识的知识结构，而这些知识结构是由学科知识中的基本概念、基本思想或原理组成的。知识的学习包括三种几乎同时发生的过程。

①新知识的获得。

②知识的转化。

③知识的评价。

这三个过程实际上就是学习者主动建构新认知结构的过程。

2. 学习的内部动机和外部强化

布鲁纳在学生知识学习动机方面的论述特别注意和强调了认知需要和内部动机的作用，与学习有关的认知需要主要有以下几个方面。

①从加快了的认知和理解中获得满足。

②发挥个人全部心理能力的迫切要求。

③正在发展着的兴趣和专注。

④从个人与他人的认知一致中获得满足。

⑤从个人在认知或智力方面的优势中获得的愉快。

⑥对个人能力或成就的满足。

⑦"相互关系"的发展，其中包括个人对其他人的反应，以及同他人为共同达到某个目标而共同工作的需要。

布鲁纳并不反对外部动机和外部强化对学生学习的影响。但是，他认为当学生的认知结构和认知需要有了一定的发展后，内部的动机变得更为重要，这一点有别于动物的学习。关于奖励和惩罚等外部强化的作用，布鲁纳认为毋庸置疑，但他强调应降低外在的奖励和惩罚在学习中的作用，因为它对建构学生的长远学习过程模式并没有裨益。

3. 关于"发现学习"

布鲁纳认为，学生的心智发展虽然有些受环境的影响，并影响他的环境，但主要是独自遵循他自己特有的认识程序的。教学是要帮助形成学生智慧或认知的生长，而智慧生长的目的是为学生提供一个现实世界的模式，学生可以借此解决生活中的一切问题。布鲁纳最著名的也是引起争议最多的论点是："任何学科都可以用理智上忠实的形式教给任何年龄阶段的任何儿童。"所谓"理智上忠实的形式"，是指适合于学生认知发展水平的学科的基本结构，或基本概念和基本原理。

注重掌握学科的结构，而不是现成的正确答案，必然会强调学习的过程，而不是学习的结果。因此，布鲁纳认为，学生在掌握学科的基本结构的同时，还要掌握学习该学科的基本方法，其中发现的方法和发现的态度是最为重要的。所谓发现，不只局限于发现人类尚未知晓事物的行动，而是包括用自己头脑亲自获得知识的一切形式。因此，布鲁纳强调学习过程、直觉思维、内在动机等在发现学习中的作用。

（四）奥苏贝尔的认知同化理论

奥苏贝尔是美国著名教育心理学家。他与布鲁纳一样，同属认知结构论者，认为"学习是认知结构的重组"，他既重视原有认知结构（知识经验系统）的作用，又强调关心学习材料本身的内在逻辑关系。认为学习变化的实质在于新旧知识在学习者头脑中的相互作用，那些新的有内在逻辑关系的学习材料与学生原有的认知结构发生关系，进行同化和改组，在学习者头脑中产生新的意义。

奥苏贝尔认为，学校应主要采用有意义学习，而认知结构是影响有意义学习的最重要因素。所谓认知结构，就是指学生现有知识的数量、清晰度和组织程度，它是由学生眼下能回想出的事实、概念、命题、理论等构成的。认知结构的构成遵循"不断分化"和"综合贯通"的原则，使其形成一个按层次高低和纵横联系组织起来的"金字塔"式的结构，处于结构顶端的是最抽象和概括性最强的知识或概念，下面是逐级向下分化的从属概念、命题或具体信息。

每一个学生的认知结构各有特点，个人认知结构在内容和组织方面的特征称为认知结构变量。奥苏贝尔提出了三个影响有意义接受学习的主要认知变量。

①在认知结构中是否有适当的起固定作用的观念可以利用。

②新的学习内容与同化它的原有观念的可辨别的程度。

③原有的起固定作用的观念的稳定性和清晰性。

基于以上观点，奥苏贝尔认为新知识的学习必须以已有的认知结构为基础。学习新知识的过程是学习者积极主动地从自己已有的认知结构中提取与新知识最有联系的旧知识，用来"固定"或"归属"新知识的过程，使新知识在认知结构中进行"同化"或"类属"。结果导致原有的认知结构不断的分化和整合，使学习者获得新知识或清晰稳定的意识经验，同时，原有的认知结构也发生了量变或质变。简而言之，学习则是认知结构的组织和重新组织，学生能否获得新知识主要取决于认知结构中已有的有关观念。奥苏贝尔用"同化"概念概括了所有知识或观念学习的内部过程，这种过程就是新旧知识或新旧观念的相互作用。对于有意义学习，奥苏贝尔进一步将其由低到高分为表征学习、概念学习和命题学习。表征学习指学习单个符号或一组符号的意义，即学习的符号代表什么。概念学习指掌握由符号所代表的同类事物的共同的关键特征。概念的获得包括概念形成与概念同化两种基本形式。

①学习者根据直接经验，从多个具体事例中抽象出它们的关键属性，这种获得概念的形式叫概念形成。

②以定义的方式直接向学习者呈现，学习者利用认知结构中原有的有关概念理解新概念，这种获得概念的形式叫概念同化。

为进一步说明命题学习中新命题的内容同认知结构相互作用，奥苏贝尔提出了新知识学习的不同同化模式，即"上位学习""下位学习""并列学习"。

关于学习理论的基本问题，奥苏贝尔的观点是有启迪的。他认为，虽说到目前为止，学习理论确实存在着一些不可否认的缺陷，但这并不意味着学习理论在应用于教育实践方面存在着必然的或内在的限制因素。一种有效地学习理论确实可以为我们提供一个发现一般教学原理的最切实可行的起点。

三、生物学的学习活动

（一）学习的含义

学习是人类的重要活动形式。我国古代教育家对学习有许多精辟的分析和深刻的论述，最早把"学"和"习"联系在一起的是孔子，他在《论语》中曾说"学而时习之，不亦说乎？"意思是学了之后及时、经常地进行温习，不是一件很愉快的事情吗？后来《礼记》中有"鹰乃学习"一语，这可能是最早将"学习"两字成为一个词的记载。

在现代学习理论中，学习的含义极广，从最广义到最狭义至少有四个层次。

①第一个层次为最广义的学习，是指在生活过程中获得个体的行为经验的过程。

②第二个层次为次广义的学习，是指人类的学习。它包括以下三个特点：第一，掌握人类世世代代所积累的社会历史经验，即科学文化知识；第二，它总在改造世界的过程中，在人与人的交往中，通过语言的中介作用去掌握人类的历史经验；第三，它是一个自觉的、积极的、主动的过程。

③第三个层次为狭义的学习，专指学生的学习。它包括知识和技能的获得与形成；智力与非智力因素的发展与培养；道德品质的提高和行为习惯的培养。

④第四个层次为最狭义的学习，它专指知识和技能的获得与形成，以及智力（包括能力）和非智力因素的发展与培养。

从广义的角度来看，上述四个层次的学习都是学习心理所研究的范围，但一般而言，教育心理学所讨论的专指最狭义的学习。也有人为了研究的方便，给出了学习的操作性定义：学习是个体在生活过程中由于反复的实践和经验而产生的行为，或行为潜力的比较持久的变化。

（二）三类学习活动

关于学习，许多学者从不同的角度、不同的目的或需要，以不同的标准对学习进行分类，提出了各种学习类型。我国教育心理学界根据学习的不同内容和结果把学习划分为知识的学习、技能及熟练的学习、心智的学习、道德品质和行为习惯的学习四种类型。而学习者的学习活动，主要有三种形式：体验学习、发现学习和接受学习。

1. 体验学习

体验学习是人类最基本的学习形式。它是指人在实践活动的过程中，通过反复观察、实践、练习，对情感、行为、事物的内省体察，最终认识到某些可以言说或未必能够言说的知识，掌握某些技能，养成某些行为习惯，乃至形成某些情感、态度、观念的过程。体验学习的基础是在反复实践中的内省体察，是通过学习者不自觉或自觉的内省积累把握自己的行为情感，认识外在世界的过程。现代教学方法重视学生的情绪生活正是基于这一点，在生物教学中，体验学习主要用于情感态度的学习，技巧的学习，体验学习不仅可以形成，而且还能深化学习者的学习成果。

2. 发现学习

发现学习又称探究学习，是指人通过对自然、社会现象或文字材料的观察、阅读来发现问题、收集数据、形成解释，并对这种解释进行交流、检验与评价的过程。

①发现学习的基础是对材料的观察和阅读。

②发现学习的难点是提出解释或假说，进行逻辑思考。

③发现学习的关键在于设计实验、收集数据以验证假说的合理性，在于寻找多样化的解题思路和行动方案。

在生物学教学中，从事、实践活动课程等都属发现学习。

3. 接受学习

人类的学习活动主要以学习间接知识为主，学习者要在较短的时间内学到人类几千年积累下来的科学文化知识，必须要有一种人类所特有的"经济"且"有效"的学习形式来适应这种需要，而接受学习正符合这种要求。学习者通过阅读、倾听和研究来获得知识技能和态度方法。学习者不仅要学习相关的语义系统与逻辑运算规则，而且要学会符号系统所表达的间接经验。接受学习也是学校教育的基本形式。

（三）生物学学习模式

学习模式是指在长期学习实践中形成的，具有一定典型结构和实施步骤的，相对稳定的，可供学习者使用的学习程式。

1. 学习模式的类型

近年来，随着生物学教学模式的日趋成熟和多元化和新的教学理念的影响，学习模式的研究在理论上更具说服力。根据教学内容目标可以将其划分为三类。

①认知学习。发现学习模式、问题学习模式、自学学习模式、机械学习模式（有意义接受学习模式、程序学习模式）、信息加工模式。

②情感学习。合作学习模式、社会学习模式。

③动作技能学习。模仿学习模式、操作学习模式。

任何一种学习模式，都具有指向性、操作性和有效性等特点，因此，在教学中选择和运用学习模式时，需要遵循下列原则。

①对应性原则。对应性原则强调所选模式与学习内容对应，与学习主体对应。

②动态性原则。动态性原则强调学习模式随学习活动和学习阶段的变化而变化。

③综合性原则。由于每一种学习模式都具有较强的指向性，因此对同一个学习对象可综合使用不同模式，亦可用同一模式来获取不同学习内容。

④创造性原则。由于学习模式的产生受到多种因素的影响，加上不同的学习对象在使用同一学习模式时由于个人的经历、感受的不同，很容易产生某一模式的变式，因此，在使用现成的学习模式的同时，我们提倡并鼓励创造符合自己个性和学习内容的新学习模式。

2. 国内课堂学习模式的研究

（1）接受学习模式

接受学习模式亦称模仿模式，这是长期以来我国课堂教学中最常用的学习模式，主要用于系统知识、行为技能的学习。

该模式源于赫尔巴特的四段教学法，即明了性—注意、联想性—期待、系统化—探索、方向—行动。其基本程序是：外界激发学习动机—复习旧课—学习新课—巩固运用—检查。在这一过程中，学生的整个学习活动都受教师直接控制，学生处于被制约的地位。因此，该模式能使学习者在单位时间内迅速而有效地掌握较多的信息，突出体现了课堂学习作为简约性认识过程的特性，尤其对于那些学习自觉性不强、主动性不高的学生，该模式能起到较好的效果。但由于它要求学习者被动地接受教师提供的信息，因此不利于学生主动性、创造性的发挥，从而受到教育界的批评和指责。但是，正如奥苏贝尔所指出的，接受学习不一定都是机械被动的，它也可能是有意义的，关键取决于学生能否将新的知识与自己的认知结构中原有的相关知识建立起实质性的联系。而要进行有意义的接受学习，则应满足于以下两个条件。

①教师传授的内容（学习材料）是否具有潜在意义，即学习材料具逻辑

意义，且是否能同学生原有的认知结构建立实质性的联系。

②学生是否具有进行意义学习的意向，教师能否激发学生积极主动地从自己原有的知识结构中提取最相关的旧知识来"固定"和"类属"新知识。如果能达到这两点，则接受学习在掌握知识技能中将产生一定作用，并且极有可能达到最优化。

（2）发现学习模式

发现学习模式亦称探究式学习模式，是一种以解决问题为中心、注重学生独立活动、着眼于创造性思维能力和意志力培养的学习模式。它强调学生通过自己再发现知识形成的步骤，以获取知识并发展探究性思维的一种学习方式。这种学习模式主张"疑能促思"，认为学习者的认识能力必须通过实践才能逐步提高，并用所学的知识去解决实际问题，才能更好地使学生在理论与实际的融合过程中提高认识能力。模式的基本操作程序是：提出问题——建立假说——拟定计划——验证假说——交流提高。其主要特点是不直接给学生提供学习内容，主张让学习者自己去发现，并将发现的内容自主消化，这种模式有助于学习者掌握知识结构，有利于激发学习者的学习兴趣。但该模式其有一定的局限性：一般较适用于理科，且对在操作过程中所需材料（如参考书、文献资料和仪器）和场所（实验室、资料室）等具有较高的要求。

根据教师在学习过程中所起的作用方式的不同，可以将作用方式分为三种类型。

①体验发现型。学习课题、假设、验证用的资料、实验全都由教师预先准备好，学生凭借已有的经验，从几种假设中选取一种，并围绕所选取的假设展开讨论。

②指导发现型。教师提出课题，设想、假设由学生做出，但教师需要预先准备好验证假设用的资料，或由学生提出要求后，教师再准备。

③独立发现型。课题由教师或学生自己提出，教师仅仅是学生学习的辅助者、组织者，整个过程都由学生自己独立进行。

（3）自学式学习模式

自学式学习模式一方面使学生主动参与学习，独立地掌握系统的书面知识；另一方面，又授予学生自学的方法，形成自学的技巧，养成自学的习惯，逐步提高自学能力。中科院心理研究所卢仲衡的"数学自学辅导"、辽宁魏书生的"六步自学法"、湖北黎世法的"六阶段教学论"等实验都为这一模式的发展奠定了基础。该模式的基本操作程序是：自我学习——讨论启发——练习运用——及时评价——系统小结。

①进行自学的主要任务就是把自学的内容和自己的认知结构联结起来，

找到学习新知识的突破口。

②讨论启发的过程就是充分调动学生学习的积极性，使学生群策群力集思广益，取长补短，解决疑难，培养交往能力和与人合作的习惯的过程。

③练习运用即学生通过口头、书面练习以及动手操作等方式，检验、巩固新知识。

④及时评价即学生对自己的练习结果及时评价，并根据反馈信息采取补充性学习，以确保自己牢固的掌握知识。

⑤系统小结是将所学的知识系统化、概括化，使知识横成片，竖成线，其方式可以是师生共同总结，或由学生先总结教师再补充。此种模式适用于那些学习自觉性较高的学生，对培养学生的自学能力起着一定的促进作用。

（4）合作学习

合作学习是将全班学生分成固定长期的合作学习团体，每组 5～6 人，各组程度平均，但组员间的异质性很高，有的精于口头表达、有的精于电脑文书处理、有的家里藏书丰富、有的组织能力很强。每小组自取组名，小组成员轮流扮演不同的角色，包括组长、副组长、观察员、记录、发言人、绘图员等。每个成员有其个别与共同的责任，成员之间有正向的相互依赖关系（具有共同的目标，每一成员都要为本小组其他同伴的学习负责），每一节课小组成员围坐在一起，互相讨论、督促，通过分工与合作来实现学习目标。

（四）生物学学习特点

每个学科都有其自身的特点，生物学科也不例外，在生物学学习中，应注意以下几点。

1. 理论联系实际

生物学是一门与人类的生产、生活关系极为密切的自然科学，它从生产实践、科学实验中产生、发展，又广泛运用于生产和生活实践。因此，在学习生物学知识时，教师要善于引导学生联系生产、生活实践，重视生物学知识在农、林、牧、渔、医药和人体保健等方面的运用。如生物学基础知识的学习与农业生产密切相关，在生物学学习中应联系农业生产实际，如结合根对水分、无机盐的吸收，联系合理灌溉、合理施肥的理论；结合植物营养生长和生殖生长的关系，联系及时整枝、摘心等的道理。另外，生物学基础知识与学生的生活实际相联系，如通过《生理卫生》的学习，可以使学生更了解人体的结构和生理功能，增强保健意识。生物学是一门实验科学，实验操作、参观、实习、课外活动等都是生物学学习的重要途径。重视学生的亲自参与，将有利于生物学技能的培养。如在学习了生态学和环保知识后，有的学校组织学生联系实际展开调查，选取一个水域为调查点，定时采样、观察、记录、分析、提出治污措施等。又如在学习了《心脏与血压》一课后，让学生自己学会测量血压等。因此，理论联系实际是生物学学习的特点之一。

2. 掌握基本规律

在生物学学习过程中采用归纳和演绎的方式认识各种生物，同时从个别现象中归纳出普遍性原理。

学生在学习时，必须遵循和掌握生物学内在的基本规律。

①生物体结构与功能的统一。

②生物体与生活环境的统一性、适应性。

③生物体局部与整体的统一性，生物体各器官、系统之间，各代谢活动之间都是相互依存、相互制约的。

在学习中用生物学的基本规律来解释生物体的各种生命现象，将有助于学生掌握生物学基础知识，灵活运用于生产、生活实践中。

3. 树立进化、发展的观点

生物学教材体系存在着内在的逻辑。例如，动物学按原生动物、腔肠动物、扁形动物、线形动物、环节动物、软体动物、节肢动物、棘皮动物和脊索动物的体系编写，而脊椎动物亚门又是从鱼纲、两栖纲、爬行纲、鸟纲、哺乳纲的体系编写，充分体现了动物进化的历程是从低等到高等、从水生到陆生、从单细胞到多细胞、从简单到复杂的进化过程；植物学的教材编写同样反映了这一进化历程，因此，学习生物学必须遵循与掌握生物进化的规律，树立生物进化发展的观点。

4. 重视生物学知识的纵横联系

在生物学的学习中，关于某一知识的教学可能在多个地方出现，因此重视生物学知识的纵横联系，根据知识的内在联系，及时整理，使之系统化尤为重要。如从各动物门代表动物的神经类型进行比较，从水螅的网状神经、涡虫的梯状神经、蚯蚓的链状神经等，总结无脊椎动物神经系统的进化发展，使学生掌握系统化的知识。另外，生物学是一门边缘学科，在学习时应注重与其他相关章科知识的联系，重视生物学知识的综合以及理科知识的综合。

四、生物学学习影响因素

（一）内在因素

1. 学生的原有认知结构

美国教育心理学家奥苏贝尔曾经指出："学生能否习得新信息，主要取决于他们的认知结构中已有的有关概念；意义学习是通过新信息与学生认知结构中已有的有关概念的相互作用才得以发生的；由于这种相互作用的结果，导致了新旧知识的意义的同化。"他的观点与我国古代"温故而知新"的学习思想是相同的。因此，在生物学教学中，要求教师必须善于利用学生原有的知识基础，使新知识与学生原有的生活经验、知识、技能建立密切联系，提高学生接受和掌握新知识的能力。

2.学生的智力因素

学生进行生物学学习活动离不开注意、知觉、记忆、思维等智力活动，它们是认知活动的操作系统，其进行的方式、结果将直接影响学生的认知活动。

（1）注意

注意总是伴随人的整个心理过程，它是学习活动产生的前提。因此，凡是能使学生集中注意力的方法都能促进学习。例如，教师在授课时提高或降低声音，板书重点内容时用彩色粉笔做标记，教师的姿势、动作、手势、表情等体态特征，都可以有效地引起学生的注意。

（2）知觉

知觉是个体感知客观事物，获得感性经验的心理活动。学生的多种学习活动都离不开知觉，教学中教师可以从以下几方面增强学生的知觉。

①扩大特征，进行对比。

②强化或反馈。

③多种知觉作用结合。

（3）记忆

记忆是知识积累的重要手段，是思维和想象的基础，记忆的效果直接影响学习信息的效果。记忆时应注意要求学生做到以下两点。

①机械记忆与理解记忆相结合。

②形象记忆与抽象记忆相结合。

（4）思维

思维是人脑对客观事物的概括和间接的反应。在学习过程中，思维实现了从现象到本质、从感性到理性的转化。提高思维效率应注意使形象思维与抽象思维相结合，发散思维与聚合思维相结合。

3.学生的非智力因素

积极的非智力因素对于学生的学习可起到定向、引导、维护、调节和强化的作用。非智力因素包括学习动机、兴趣、情感、意志、性格等。在这些因素中，学习动机是直接推动学生进行学习活动的内部动力，通过学习兴趣、情感、意志等表现出来。研究表明，动机产生于需要，但要使学习需要真正变成经常作用的、有效的学习动力，还必须采取相应的措施把学习动机从潜伏状态转入活动状态，使它们成为实际上起推动学习作用的内部动因。生物学教学中，可采用以下教学策略激发学生的学习动机。

（1）明确教学目标和知识的具体价值

教师在讲授每一节课之前，必须清楚地提出这节课的教学目标以引起学生的求知欲，结合具体的教材内容，说明新知识在生活中的意义和在知识体系中的地位，能引起学生对知识的重视，并调动学生学习的积极性。

（2）努力创设问题情境

创设问题情境能有效地调动学生的学习积极性，促使他们积极思维。在生物学教学中，教师应努力创设问题情境，引起学生认知上的冲突，从而激发他们的学习动机和求知欲望。

（3）利用学习结果的反馈作用

学生及时了解学习的结果，包括看到所学知识在实际中应用的成效、解答问题的正确与否以及学习成绩的好坏等，均可激起进一步努力学习的动机，提高学习的信心。

（4）树立正确评价观

评价和奖惩是对学生学习成绩和态度肯定与否定的一种强化方式，它可以激发学生的上进心、自尊心，对学习动机的指向、强化、激活等有着很强烈的影响。研究证明，称赞和奖励等阳性诱因总是比斥责和惩戒等阴性诱因效果更好。实践还证明，将对学生的批评改为在指出其缺点或错误后，用激励性和指导性语言进行教育更容易使他们接受，也更易激发其努力学习的动机。

（二）情境因素

情境因素是学生学习生物学的外因，情境因素对学生的生物学学习具有重要的影响。情境因素有多种，在学校中最主要的是群体动力和师生关系。

1. 学习行为的群体动力

在社会心理学中，按照某种标准划分出来的人群共同体称为群体。在学校生活中，学生彼此之间以一定的交往方式和结合条件形成社会小群体。这种小群体主要有两种。

①一种是班级群体，包括其中的学习小组、生物学兴趣小组等子群体，它是学生中最重要、最基本的正式群体形式。

②另一种是由于爱好相近、气质相容或家庭背景相近、经历相似等因素结合而成的自由群体，这种是松散的非正式群体，但富有浓厚的感情色彩，其影响不可忽视。

学生总是处于若干交叉的不同群体之中，特别是长期稳定地处于自己的班集体中，群体对他们的学习行为有着积极的或消极的影响，这就是学习行为的群体动力。这种群体动力主要表现在以下两个方面。

①群体意识的熏陶。学生在学校中学习，时刻受到班风和学习氛围的熏陶。实践证明，把一个差生调到班风和学习氛围良好的班集体中，往往能使其较好地克服学习行为上的缺点，促使其积极上进。把一个成绩优良的学生调到班风不正、学习氛围很差的班集体中，其往往会抵制不住群体压力，而染上一些不良学习习惯。过去我们对群体意识的熏陶作用认识还不足，今后应加强班风和学习氛围等学校文化学习方面的建设。

②群体成员的竞争。竞争是群体中自发的社会心理现象，是人际相互作用的一种基本形式。学生有着追求成功、维护自尊等心理要求，教师应通过有效的途径将这种心理要求引导到正确的轨道上来，将学生的竞争积极性组织到集体学习活动中来。可以组织诸如生物学知识竞赛、生物学实验操作比赛、生物学智力抢答赛等活动。在这类活动中，个人在集体中分担一定的角色，个人的荣誉和奖赏与集体联系在一起，有利于培养合作精神，促进群体团结。在学习竞争中，每个成员以自己勤奋学习的态度和优秀的成绩激励和感染同伴，自己也同样受着同伴的激励和感染。因而，每个成员在集体中的学习效率，往往高于各自独立学习的效率。

2. 师生关系

教师不单单是知识的传授者，更是学生全面发展的培育者。学生对知识的需求必须通过与教师的交往才能实现，学生的智力、能力必须在教师的指导下才能有效地全面发展。所以，师生关系是影响学生学习行为的重要情境条件。

①教师权威对学生学习行为的规范和制约。在学校生活中，师生之间不仅具有教育者与被教育者的角色关系，同时也具有领导者与被领导者等角色关系。教师的这种角色地位，使得学生具有"向师性"，教师对学生的学习行为有较强的规范和制约作用。

②师生情感对学生学习行为的激励。新型师生关系的主要内容是尊师爱生、民主平等。师生情感融洽，在教学中教师就能取得学生的积极配合和热情支持，减少或避免学生不良行为的干扰。师生的密切交往产生亲切感，获得满意、喜爱等情感体验，能振奋彼此教和学的情绪。学生在这样的气氛中乐于接受教师的教导，能提高认知活动的效率，达到"亲其师，信其道"和"教学相长"的要求。

建立感情融洽的师生关系，关键在教师。教师应对学生倾注真诚的爱，自觉地保护他们的自尊心，热情肯定他们学习上的微小进步，主动地和他们交往，从而有效发挥情感因素对学生学习行为的激励和促进作用，提高生物学学习效率和质量。

第二节　现代生物教学论的研究对象和基本任务

一、认识生物课程与教学现象

（一）生物课程现象

生物课程现象，是指生物课程在发展、变化中所表现的外部形态与联系，是生物课程外在且活动易变的方面。生物课程现象表现为以下三个方面。

一是物质性。生物教学计划、生物教学材料、生物补充资料、视听生物教学材料、电子生物教学材料等。

二是活动性。生物课程与生物教学规划，生物课程与教学实施，生物课程与生物教学评价，生物课程与生物教学研制活动等。

三是关系性。生物内容选择与教育目的的关系，内容组织与文化结构以及学生发展的关系，生物课程研制与生物课程产品之间的关系等。

（二）生物教学现象

生物教学现象，是指生物教学活动所表现出来的外部形态和联系，是生物教学外在的、活动易变的方面。生物教学现象表现为以下三个层面。

一是环境性。教室及其结构，教学设备及其结构，校园各部分及其结构等。

二是活动性。生物课堂教学及其结构，实践活动及其结构，校内外教学见习和实习及其结构，个别教学及其结构等。

三是关系性。教师与学生的关系，教师、教材与学生之间的相互关系，教学与文化结构的关系，教学过程与教学结果之间的关系等。

二、揭示生物课程与教学规律

当我们理解生物课程和教学现象时，我们应该深入生物课程和教学的内在联系和内在结构中，揭示生物课程和教学的内在规律，并对人们的生物课程和教学行为起到规范和指导作用。

（一）生物学课程规律

生物学课程规律是指生物学课程及其构成要素在发展变化过程中的本质

联系和必然趋势。包括生物课程形式与内容的相互关系、生物课程形式与内容的演变与社会文化发展的本质关系、生物课程改革与发展的趋势、主体与客体、文化与学生、教师与学生、社会与学校、规划与实施、实施与评价、评价与规划以及这些关系在不同历史条件下的渐进与跳跃变化趋势等。

（二）生物学教学规律

生物学教学规律是指生物学教学及其构成要素在发展变化过程中的本质联系和必然趋势。包括教学、社会发展和学生发展之间的本质关系，教学活动构成要素之间的本质关系，教师、学生、生物教学内容、环境、方法、组织形式、生物教学目标和结果之间的本质关系，以及生物教学的科学性和艺术性之间的本质关系。

三、指导生物课程与教学实践

生物学课程和教学理论源于生物学教育实践，理论一旦形成，它将依次指导生物学课程和教学实践。人类社会发展的历史告诉我们，任何没有理论的实践活动都是无知的。然而，一旦理论脱离现实，它就变成了没有水源的水和没有基础的木头，失去了生存的基本价值。

（一）生物课程与教学管理实践

生物课程与教学管理实践是指教育行政部门或学校行政部门在规划、实施和监督生物新课程和教学过程中的组织行为，包括生物新课程的开发、教学应用、评价和总结等。

（二）生物新课程研制实践

生物新课程研制实践指教育行政官员、课程和教学专家以及生物学教师组织编写新的生物学课程和教材，组织实施新的生物学课程和教学，开展新的生物学课程和教学评估活动。重点是准备、使用和修订新的生物学课程和教材。

（三）生物教学应用实践

根据新的生物课程和教学计划，教师和学生利用新的生物课程和教材开展生物教育和教学活动。以教育教学改革为契机，组织教育管理者、生物新课程教学专家和生物教师共同开展研究和实践，是实现生物新课程与教学理论和生物教育实践相结合的有效机制。通过这一机制，教育管理者和生物教师将掌握新的生物课程和教学理论，将理论直接应用于实践，同时将自身的实践经验升华为教育和教学理论，使自己成为新的生物课程教学理论的专家。通过这种机制，生物新课程和教学理论的专家也可以与教育管理者和生物教师交流，及时传播生物新课程和教学理论，将理论应用于实践。随着生物新课程的发展和教学改革，教师和学生将逐渐成为生物新课程的开发者、应用者和评价者，从而实现管理、开发和应用的一体化。

第三节　现代生物学教学创新

一、依据学生的认知规律开展教学活动

（一）开发学生思维

随着社会的创新发展，学生的思维呈现活跃、张扬等特点。传统的教学模式已经不适应学生的客观发展。针对这种情况，教师在开展生物学教学的时候应该积极创设情境，这样不仅能够提高学生的认识能力，还能在一定程度上锻炼学生的发散性思维。实践证明，教师在教学过程中通过提问的方式为学生创设问题情境，不仅能够激发学生的学习兴趣，还能在一定程度上开发学生的思维。

（二）充分使用多媒体设备

创新教育不仅体现在教学内容的与时俱进上，还要求教学手段及途径与高科技接轨。教学手段要根据教学资源特点选定。生物学教学采取了多种途径，如第一课堂多媒体课件网络教学、第二课堂专题讲座及社会学调研。第一课堂生物学基础理论的教学是难点，很多微观知识点晦涩难解，因此教师更应充分利用计算机技术将多媒体课件做好做精，力求微观知识宏观化、抽象知识具体化、枯燥知识生动化。要做到这一点，还需要孜孜不倦地改革。生物学第一课堂创新教育尤其要注意挂图、动画、声像、影视等资源的利用。传统的摆事实讲道理和苦口婆心的填鸭式教学不再是上乘之法。

学生在学习过程中呈现出来的突出特点是对直观的内容能够产生深刻的印象，所以，教师在开展教学活动的时候应该抓住这样的特点。针对这样的情况，教师在开展生物学教学的时候应该充分使用多媒体设备。教师在教学过程中通过让学生观看图片的方式，不仅能够提高学生直观认识的能力，还能在一定程度上帮助教师构建生物学高效课堂。

（三）自主学习网络平台的构建及创新应用

一项针对 17 门国家生物学精品课程进行的调研表明：目前生物学精品课程网上的资源缺乏对知识学习指导的设计，网上教学和网上学习功能不强。

事实上，众多高校往往仅有校级及以上精品课程通过网络实现了资源共享。并且要在现有生物学精品课教学资源项目模块的基础上增加"前沿动态""热点追踪""奇闻轶事""答疑辅导""虚拟实验""在线测试""讨论协作"等功能模块，同时建成校内开放式自主学习网络平台以便实现资源共享。自主学习平台的创新应用主要有以下作用。

①可以减少部分因提交纸质作业而导致的资源高耗。

②可以实现生物学学科前沿动态、热点追踪和科学技术专题等教学资源的实时更新。

③可以增加学生主动学习的便利性和趣味性。

④可以促进师生之间的深度交流。

（四）培养学生的自主创新能力

教师在教学过程中要认识到实践教学的重要性，要在教学中以市场发展的方向为依据进行人才的培养，据此来调整授课内容，如导师制正是教学模式创新的代表，其有效地调动了学生的学习动力，学生在教师一对一的教导下，有效地提高了自己的学习效率。对学生进行实践性教学，可以有效地推动学生创新能力的发展，使其创新思维常态化。教师为学生创设的实验项目中，可以让学生把所学的知识良好的应用到实践中去，强化理论知识的掌握程度，有效地提高学生的综合素养。

（五）注重师生交流

课堂上是教师与学生建立师生情感的主要时间，对学生进行人文教育可以有效促进师生的情感交流，让学生对教师放下戒备，虚心接受教师的教导，增强学生对教师的信任度，使学生更加全情地投入到自己的学习中，培养自主学习的习惯，降低理论学习的枯燥性，对培养学生的综合素养能起到一定的促进作用。教师可以有效地导入评价教学法，让学生通过教师对其正确的评价来提高自我认知，加强师生的感情交流，特别是在学生的实践教学中，导入有效的评价可以使学生勇于面对实验的失败，使其更有动力进行学术的研究，提高学生的能动性。在师生的交流中，学生可以向教师表达自己的真实想法，教师可以根据学生的反馈对其因材施教，使学生在今后的就业中能脱颖而出。

（六）培养学生团队合作精神

在教学中融入合作学习教学模式，可以在一定程度上提高学生的学习效率，也可以让学生在合作学习中培养团队合作意识，以便在将来的工作中能够较快地融入新的集体中，能够较好地合作完成工作。

二、充分使用生活化的教学方法

（一）将教学与生活有效结合

一般学生表现出来的突出特点是对熟悉的事物能够更积极地参与其中。针对这种情况，教师在开展生物教学的时候应该将教学内容与学生的实际生活进行有效结合，从而实现提高教学有效性的目的。实践证明，教师在教学过程中让学生将生活内容与教学内容进行有效的结合，不仅能够提高学生的认识能力，还能在一定程度上激发学生的学习兴趣。

（二）适当引入课外实践

学生毕业即面临着就业问题，面对当今残酷的竞争，怎样有效提高学生的就业竞争力是每个院校教学中的重点问题。课外实践活动可以有效提高学生的实践、创新能力，激发学生的学习兴趣。教师应在学生怎样开展课外生物类知识的实践活动上多进行教学思考，让学生通过课外实践活动激发自己的学习兴趣，有效地实现理论与实践相结合的目标，进一步提高学生的综合素质。教师在课外实践准备中，要积极创新教学方式方法，为学生营造良好的学习氛围，让学生更加放松地投入实践中，有效地提高学习效果。

（三）依据市场需求指导学生学习

学生学习知识的宗旨是为了更好地应用到实践中去，而实践则是强化知识掌握的有效方式方法，生物专业类教学改革使各大院校的学生开始有了国际性的交流机会，对提高其综合能力具有明显的促进作用。学校通过对实践教学的重视和实施，在整体性、针对性、系统性以及全程性四个原则的指导下，让学生有效地将理论与实践进行结合，对自己的理论掌握进行有效的补充，真正达到学有所成、学有所用的效果。

三、生物学教学效果考核方式的创新发展

用竞赛考核取代传统考试。竞赛模式更能激发学生的荣誉感和自主学习的积极性。例如，我国每年度都有高中生物学竞赛，规定名次内的学生可获高考加分。这项措施极大地促进了学生学习生物学的积极性。生物学教学效果的考核可以依此例试行。知识竞赛考核可以在网上测试库里精选考点，网上在线考核，此种考核不拘泥基本理论和固定知识点的死记硬背，可以更客观、更实际的考核学生学习能力及效果。鉴于新时期生物学教学内容的改革，计划以分组协作的形式完成若干模拟项目创新设计，根据完成效果计入总成绩。这种考核方式可以促进学生团队合作精神及创新研究能力的培养。实验

项目测试采取传统的抽签形式，由学生从万千考题中随机抽取。学生的综合成绩由上述三部分组成，将各项成绩按一定比例计入总分。

第四节 现代生物学学科思想和教学意义

一、现代生物学学科思想

（一）辩证统一思想

辩证法的核心是对立统一规律，在生物界，这种对立统一的思想处处可见。如生物和生活环境的相互依存、相互作用；生物体结构和功能的统一；在性状表现上，基因型与环境影响的内外因关系；生物进化中遗传和变异与自然选择的内外因关系等都体现了辩证的思想。另外，在生命活动过程中，普遍存在着许多矛盾运动。例如，同化作用与异化作用的对立统一是个体生长发育的基础；遗传和变异的矛盾，是推动生物进化的内在动因；生物进化不是"直线式"前进的，进化必定伴随着它的对立面退化的发生；个体生命的有限性和种族生命的连续性的矛盾，使学生更好地理解"繁殖"的意义；巨大的繁殖潜力和生存条件有限性的矛盾，揭示了自然界中的种群数量此消彼长的原因；植物体的营养生长和生殖生长的矛盾催绽了花朵，孕育了果实。

生命世界千姿百态、变化多端，生命现象在不同种属中，其表现形式尽管多种多样，但是生命世界中最本质的东西，在不同的生命体中却是高度一致的。所有的生命体，从最低等的单细胞生物甚至无细胞结构的病毒，到最高等的动植物，其最基本的组成物质都是核酸和蛋白质，生命世界在分子水平上统一了起来。遗传密码在整个生物界也具有普适性，所有的生物，不管进化位置如何，从病毒、细菌、动物、植物直至人类，都通用一套密码，生命世界在分子进化上又体现了这种"大一统"的格局。向学生渗透这种对立统一的思想，就是让学生形成辩证的思维方式，养成辩证地看待事物的习惯。

（二）自组织思想

1945年，奥地利生物学家贝塔朗菲创立了一般系统论，他指出：生物体是一个复杂的有机整体，处处表现出系统的整体特性，其整体属性不等于部分属性的线性叠加，生物体部分不能离开整体而存在，那种用部分求解整体的机械论思想方法不能科学解释生命机体的本质。如细胞就是一个复杂的生命系统，细胞中的各个细胞器组分以及生物大分子是没有生命的，只有当它们被组装到细胞这个高度有序的结构中时，才能表现出新陈代谢的生命现象。

同时，生命系统最基本的特性是"开放性、稳态和自组织"，生命体通过与外界环境交换物质和能量以及自身物质组分的构建和解体，在一定条件下，可以从原来的无序状态转变为一种在时间、空间或功能上的有序状态，这种自然现象称为生命的自组织。也就是说，生物体结构的产生和维持不是因为能量和物质守恒，而是因为能量的耗散。热力学第二定律认为，封闭系统的演变方向是熵增加——有序性减少，混乱度增加，最终达到熵值最大的那一刻——热寂状态，导致组织结构瓦解。但在开放的系统中（例如生命和生态系统），系统远离平衡态，在负熵流的作用下，系统出现有序结构，即系统的熵减少。因此，普利高津的"耗散结构"理论认为，生命的各种表现形式均是开放性耗散结构，无论是低等生物如病毒、细菌还是高等生物如人类，甚至小至细胞、器官，大到生物种群、人类社会和生态系统概莫能外。与外界环境以及体内其他器官不断地进行物质、能量和信息交换是其重要的特征，在这种交换中，生命从外界汲取负熵对抗体内产生的正熵流。新陈代谢中最本质的东西，就是使有机体成功地消除其自身活着的时候不得不产生的全部的熵。正是由于生命系统的开放和能量的耗散，使系统从外界获得"负熵"，才得以维持机体内环境的"稳态"。当然，这种内稳态不是封闭系统中的真平衡，而是一种动态的平衡。当系统中某一参量通过"涨落"达到一定的临界值时，便会打破系统原来的平衡结构，使系统进入一种远离平衡的无序状态。这时，该系统便开始了更高层次上的时间和空间上的物质再组织，从而产生巨大的系统超能，最终系统将自发地进入一种动态的、功能有序的新状态——自组织。

（三）信息传递思想

了解生命的本质，掌握生命活动的规律，不仅要研究生命活动中的物质代谢和能量代谢，还要研究化学分子间的第三类作用——信息传递作用，包括信息的发送、接收、储存、加工、复制、传输等过程。可见，这里所说的信息不是通常意义上的物质和能量，但任何信息的传递必须借助于一定的物质为载体，以能量供给作为动力才能实现其畅通。从这个意义上来讲，生命活动是物质、能量、信息三位一体的运动和变化过程。例如，分子遗传学中著名的"中心法则"，实际上是遗传信息的传递法则；激素调节依赖于极微量的化学信息——被称为"第二信使"的环磷酸腺苷；神经调节离不开电信息和化学信息；细胞识别和免疫应答中细胞膜上特定的抗原——抗体分子信息，受精卵细胞质中控制未来胚胎发育的各种 mRNA "信息子"，基因调控中的"转座子""反式作用因子"等都是特定的生命信息。化学分子氧化氮

（NO），也是调节心血管活动的信息分子；引起疯牛病的朊病毒，是一种不含核酸的蛋白质病原体，其蛋白质的不同空间构型就蕴含着一种遗传信息，而且这种遗传信息可以从蛋白质传递到蛋白质，从而引起动物发病。生命活动中的许多过程，本质上都是信息过程，如生物的生长发育过程，生物的免疫反应，生物对外界刺激的反应，神经信号的传导，生物的变异和进化等等。虽然外部表现是物质或能量的变化，但本质都是在信息指导下进行的。因此，我们在审视形形色色的生命现象时，信息论的视角是一个不可或缺的考量纬度。

（四）简洁性思想

现存生命体都是自然选择优胜劣汰的结果，体现了大自然的造化之功。在生物界有一个不变的法则，就是以最小的代价获得最大的效果。按数学上标准的"对数螺线"编织而成的蜘蛛蛛网；正六边形结构的蜜蜂蜂房；中空圆柱形的人体的长骨、麦秸秆等。上述结构实现了以最少的材料，达到最大的坚固性和可利用空间的目的，而且抗狂风、耐冲击。

生命现象如此，生物学理论更是以简洁的形式来说明复杂的问题。面对如此纷繁复杂的生命世界，人们从不同的角度对其进行了整理。

①林奈从空间分布的角度，按不同的差别性归类，建立了分类学，使种类繁多的动植物名称条分缕析，一目了然。

②达尔文从时间演变的视角历史的归纳，创立了生物进化论，揭示了生命自然界的共同起源和演化发展的统一规律。

③孟德尔从本质上提出，生命形式的差异根本上是由"遗传因子"决定的，遗传因子的不同组合（基因型），可以产生不同的生命形式（表现型）。

④摩尔根的《基因论》更是成功地以有限种类基因的无限组合，解释了无限种类的生命形式的存在。

⑤沃森和克里克创立的 DNA 结构模型，为双螺旋结构，DNA 分子上四种碱基（A、G、C、T）以其不同的排列组合，可以建造储存生命"大厦"的全部遗传信息。

生命世代延续中复杂的遗传、变异规律由三联体遗传密码运作。人类基因组计划（HGP）查明，人类基因库中只有 3 万多个基因构成生命的"基因蓝图"，而不是原来猜想的 10 万个左右。人体正是利用这 3 万个有限的基因通过转录、剪接、转座、重组、重排和转录后修饰，可以产生无限的遗传信息。这种简洁、经济的思想被生命诠释得淋漓尽致。

（五）非因果决定性思想

早在 1944 年，奥地利物理学家薛定谔在《生命是什么》中指出："用经典物理学和化学去描述生命现象是不可能的。经典物理学中一种原因只能产生一种结果的机械决定论模式并不适应生命世界。"这就告诉我们，对于复杂的生命系统的研究，不能只进行单因子分析，而要注意各部分之间的普遍联系和相互作用。实质上，非线性和非平衡是生命的表现形式之一，也是生命有序之因。吃饭和睡眠是生命所必需，但绝非多吃一点、多睡一点就更健康；吸烟有害健康，并不说明每一吸烟者均会死于肺癌，这提示我们吸烟与健康没有线性（因果）关系。因为生命体是一个多层次、自组织的耗散结构，系统中诸元素的相互作用是非线性的。

如细胞是一个系统，其内部各种组分既存在结构上的联系，又在功能上彼此分工协调，相互依存。成千上万的化学反应，在基因的调控下有条不紊地进行，反应的产物又会反作用于基因的表达。细胞的外环境与细胞之间不断进行物质的交换、能量的转换和信息的传递，从而使细胞这个系统具有一定的稳定性。生命体中的每一个组成部分都被包裹在一张巨大的非线性大网之中。一切都是相互关联的，在远离平衡态的临界点附近，系统中一个微观随机的小扰动就会通过"网络"的相关联作用得到放大并导致系统状态的改变。譬如南美洲的蝴蝶煽动一下翅膀，亚洲就会刮起一场风暴，这就是生物学中的"蝴蝶效应"。十万个配子中只有一个发生基因突变，这十万分之一突变概率的累积最终导会致物种进化。正是由于生命系统的复杂性以及非线性、混沌的特点，使生物现象和生命活动规律大部分不遵从因果决定性原则，生物学规律大都表现为随机、统计意义上的规律，这与经典物理学规律和化学规律有明显的不同。当代著名的生物哲学家迈尔曾发表过这样的妙语："生物学中只有一条普遍定律，那就是一切生物学定律都有例外。"

二、现代生物学教学意义

（一）培养学生的创造性思维

在 21 世纪，没有创新就无法生存和竞争，无法适应变革迅速的社会。创新已成为民族、国家和人类生存攸关的问题。而培养具有创新能力的人才途径是教育和训练。生物学史中蕴涵着丰富的创新教育素材，因为生物学发展的历史本身就是一部创新的历史，人们从最古老的完全处于自己的生活经验对世界的种种解释，到最后通过假设、实验得出结论。每一个生物学重大发现无不凝结着生物学家敏锐的观察力、创造性的想象、独特的知识结构和灵感，无不体现着生物学家的执着、勇敢、乐观、严谨而又不失幽默的创新人格。可以看出真正推动科学前进的动力是创新意识、创新能力和创新精神。

创造性思维特别是发散思维是科学素质中最宝贵的心理品质。它能突破既定规范的研究活动来解决重大的科研问题。现代的科学方法论具有整体性、综合性、最优化的辩证思维方式，能摆脱传统的经验主义和理性主义的思维方式，可充分发挥人的天赋才能。特别是把计数作为精确的思考和科学的决策后，人类的思维方式更科学、更规范、更富于创造性。学生的思维具有创造的潜能，需要启发教学。科学家从名人传记轶事中找线索，寻求创造性思维的特征。我们在生物学教学中可通过著名生物学家的成就，特别是方法论上的突破来启迪学生创造性思维。如孟德尔发现生物遗传的分离律和自由组合律是 19 世纪继达尔文进化论之后，生物学的又一重大科学成就，奠定了现代遗传学基础。

孟德尔在生物学上的主要成就是植物杂交试验。18、19 世纪植物杂交试验在欧洲普遍盛行。孟德尔之前的生物学家在这方面已作了大量的工作，为什么孟德尔能高出一筹取得突破性进展呢？主要是由于他用了一整套全新的遗传学研究方法。孟德尔选取了严格自花授粉的植物豌豆作为实验材料，采取纯系培育从 34 个豌豆品种中挑出 24 个能真实遗传的品种用于实验，孟德尔选择单因子分析方法，确定了豌豆 7 对明显差异的性状，既而用杂种同隐性亲本的"回交法"来检验和证实他的分离规律，孟德尔开创性地将数学方法用于遗传学研究，运用统计方法分析处理实验结果，发现了 3∶1 的分离比率。孟德尔创造的研究方法在遗传学上的影响巨大。

长期以来，生物学教育过分注重知识的传授，强调知识的灌输与记诵，对生物学概念、定律的发生发展过程揭示不够，知识发生过程中所蕴含的丰富的思维训练因素没有得到清晰的揭示，更忽视了将知识中的思想和方法挖掘出来传授给学生。学生学到的知识缺乏鲜活的生命力，无法在不同情境中广泛而灵活地迁移，束缚了学生的创造性思维。我们说，生物学思想是生物学思维的结晶，生物学知识可能过时，但生物学思想却会对学生的思维产生深广而持久的影响，为他们认识生命现象和解决生物问题打开思维的通道。"离开继承就无法创新"，生物学思想是前人对生物学知识发生过程的提炼、概括和升华，是对生物学规律的理性认识，用以支配生物学的实践探索活动。深入挖掘教材中的思想方法因素，结合教学适时渗透，使学生深刻领悟其深邃的内涵，在学习的前提下实现创新。

（二）激发学生学习热情和积极性

学习是一项奋斗终身的事业，没有热情，学习就缺乏主动性和创造性，神秘而富有创造性的生物学可以使教学达到激发热情的目的。

（三）提升生物学课程的教育价值

生物学思想不仅在哲学层面上作为思维工具指导生物实践活动，高层次的生物学思想既是生物学教学设计的核心，又是生物学教材组织的起点和依据。但生物学思想内隐并不外显，它积淀在生物学知识的形成过程中，可以说生物学思想是生物学知识不可分割的一部分。如果说"概念原理体系是学科的肌体"，那么科学思想就是学科的"灵魂"，两者有机结合才能体现一门学科的整体内涵和思想。从这个意义上说，在教授生物学知识时，应引进先进的生物学思想，尽量揭示出这些"灵魂"背后的知识，可以提升生物学课程的教育价值。德国文学理论家莱辛说过"如果上帝一只手握着真理的结论，另一只手握着获得结论的思想方法，让我选取其中一种，我会毫不犹豫地选择后者。"

第三章　现代生物学专业设置改革

近年，由于生物学专业的迅猛发展，生物学、物理学与化学等学科得以相互渗透、相互支持，共同促进了学科群在 21 世纪的飞速发展。

第一节　现代生物学专业设置的标准研究

一、专业基本业务规格

受到教育部研究院生物学专业教学指导委员会的委托，生物学专业教学指导小组在北京大学生物学学院的带领下，对现代生物学专业设置标准展开了专题研究。总结出来的研究成果共有以下几项。

（一）培养目标

对于现代生物学专业而言，其培养的生物技术人才不仅要满足我国社会主义现代化建设的实际需要，而且还要在德、智、体、美、劳等方面全面发展。除此之外，还要对生物学基础理论、生物技术基础理论、企业相关管理知识进行充分把握，同时还要受到基础与应用研究等方面的良好训练，从而具备良好的科学文化素养和教学研究能力。

对于现代生物学专业的毕业生来说，适合从事科研部门的科研工作或学校教学方面的工作，同时还可以到有关的工业、医药、食品及农、林、牧、渔、环保、园林等行业的企业、事业、技术和行政管理部门从事应用研究、科技开发、生产技术或管理工作，甚至可以继续攻读相关学科的研究生学位。

（二）主干学科

对于现代生物学专业来说，一般情况下，我们可以设置以下几个主干学科：生物化学、分子生物学、细胞生物学、遗传学和微生物学。

（三）修业年限及相近专业

对于现代生物学专业的学生来说，应该在学校进行为期三至四年的学习。

与现代生物学专业相关的专业主要有：生物科学、生物化工、生物技术与工程等专业。

（四）专业方向

1. 基因工程，细胞工程，发酵工程，生化工程。
2. 农业生物技术，医药生物技术，海洋生物技术，轻化工生物技术。
3. 微生物技术，资源、环境、生态生物技术等。

二、专业基本教学条件

从专业基本业务规格、专业基本教学条件、基本教学要求、培养模式、课程内容和教学基本要求等几个方面来看，生物学专业设置标准的研究为，生物技术专业学生的培养应以生物化学及分子生物学、细胞生物学、遗传学、微生物学为主干学科。专业方向可根据各校的具体情况从基因工程、细胞工程、发酵工程、生化工程、农业生物技术、医药生物技术、海洋生物技术、轻化工生物技术、微生物技术、资源环境及生态生物技术等中选择。

从原则上来讲，基础课（公共基础课和专业基础课）的课程安排应该占60%，选修课占40%。专业实验室是生物技术专业应重点建设的教学设施之一，需开设分子生物学、基因工程、细胞工程、发酵工程等方面的实验。原则上，每位学生的选修课不宜少于14门。

（一）教材

在教材的选择上，应该与课程教学大纲的要求相符，一般而言，90%以上公共基础和专业基础课程的教材都是正式出版的教材，同时要求专业必修课程至少与大纲要求的讲义相符合。

（二）开办经费

对于新开设的现代生物学专业来说，开办经费要高于120万元（不包括固定资产），教学经费要高于10万元，每届学生人数平均要高于30人。

（三）师资力量

对于现代生物学专业的师资队伍来说，要具备相对稳定的教龄和知识结构，有一定的教学水平，学科带头人的学术造诣要深厚，现代生物学专业的主要任教教师至少为10人，高级职称教师人数至少为6人，中、高级教师人数比例应高于80%。

（四）图书资料

公共图书馆中要具有一定数量与专业有关的图书、刊物、资料或具有检索这些出版物的工具。

（五）专业实验室

专业实验室是生物技术专业应重点建设的教学设施之一，其仪器设备的固定资产总额应达到 200 万元以上，需开设分子生物学、基因工程细胞工程、发酵工程等方面的实验。各大院校可以按照自己的专业方向和具体情况而有所侧重。

（六）校内外教学实验基地

生物技术具有实验性强的特点，单独建设实习基地耗资很大，有必要要求各校与生物技术有关的校内外科研、生产单位进行基地共建。

三、专业基本教学要求

（一）素质要求

1. 业务素质

专业基础扎实，思路宽阔，善于独立思考，勇于创新，有较强的社会及专业适应性。

2. 思想道德素质

要热爱祖国，积极拥护中国共产党的领导，逐步树立正确的世界观、人生观和价值观，养成良好的职业道德。

3. 科学文化素质

热爱科学事业，养成良好学风，理论联系实际，具有艰苦求实和善于合作的科学精神，并具有较好的人文素养。

4. 身体和心理素质

具有健康的身体及良好的心理素质。

（二）知识结构

1. 本专业知识

要掌握现代生物学专业的基本理论、知识、技能和方法，还要接受更加严格的科学思维训练，具备一定的生物技术专项知识和应用性知识，了解生物技术的理论前沿、应用前景和最新发展动态。

2. 科学文化知识

现代生物学专业的学生主要学习本专业所需的数学、物理、化学及计算机科学知识，适当学习一些人文知识，并熟悉有关知识产权、生物工程的安全条例等政策法规。

3. 相邻专业知识

另外，学生还需要掌握相邻专业的一般原理和知识，如生物化工、机械制图、遗传育种、药学和生物信息学等。

（三）技能结构

1. 计算机能力

能利用一些常用编程语言编写简单的应用程序，掌握一些软件的使用方法，熟悉计算机网络的操作和资料的检索、查询方法。

2. 语言表达能力

能较好地运用汉语表达思想、写作论文，较为熟练地掌握一门外语，在读、写、听、说等方面达到一定水平，并能阅读本专业的外文书刊，熟悉外文文献，掌握检索资料的基本方法。

3. 实验设计能力

现代生物学专业的学生应该在教师的辅导下具备独立查询资料、设计与专业有关实验的能力。

4. 专门的实验能力

掌握生物化学、分子生物学、微生物学、基因工程、发酵工程及细胞工程等方面的基本实验原理和技能，各校可根据自己的具体专业方向及实际情况进行选择。

四、专业基本培养模式

（一）课程结构

现代生物学专业的学生需通过选修课程拓宽自己的知识面。

1. 基础课占 60%

（1）公共基础课

政治理论课

思想品德课　　　　　　　　　　（按教育部有关文件规定执行）

体育课

外国语

军事训练　　　　　　　　　　　（按教育部有关文件规定执行）

生产劳动　　　　　　　　　（按教育部有关文件规定执行）

（2）专业基础课

高等数学　　　　　　　　　普通生物学及实验

物理学及研究　　　　　　　微生物学及实验

计算机应用基础　　　　　　细胞生物学及实验

化学原理　　　　　　　　　遗传学及实验

有机化学　　　　　　　　　生物化学及实验

仪器分析　　　　　　　　　分子生物学

生物技术及大实验

2. 选修课占 40%

普通生态学　　　　　　　　发育生物学

基因工程原理　　　　　　　神经生理学

微生物工程原理　　　　　　神经生物化学

细胞工程原理　　　　　　　生物物理学

海洋生物技术　　　　　　　物理化学

生化工程及实习　　　　　　生理学及实验

生物技术制药基础生物学史　生物学史

同位素技术及实验　　　　　科学史

免疫学　　　　　　　　　　普通心理学

酶学　　　　　　　　　　　生物信息学

蛋白质化学　　　　　　　　电子线路

微生物遗传学　　　　　　　X 光衍射

生物统计学　　　　　　　　结构生物学

生物进化　　　　　　　　　企业管理

污染生态学　　　　　　　　市场营销史

群体遗传学　　　　　　　　专利法

生化仪器分析及实验　　　　公共关系

保护生物学　　　　　　　　核酸化学

生物学进展　　　　　　　　胚胎移植及转基因动物

生物工程下游技术　　　　　膜分子生物学

食品工艺学　　　　　　　　发酵工程设备

酿造工艺学　　　　　　　　机械制图

电子技术　　　　　　　　　化工原理

农业生物技术　　　　　　　作物育种

植物病理学　　　　　　　　基因组研究原理及方法

药剂学　　　　　　　　　　药物分子生物学

药理学　　　　　　　　　　病毒学

文学或艺术

……

各校可根据各自的专业方向、具体情况和学生今后的流向安排专业基础课和选修课，每位学生的选修课原则上不得少于 14 门。

（二）分流方向

1. 基础性

对于现代生物学专业来说，主要是培养生物技术应用基础研究型人才。

2. 应用性

现代生物学专业还对应用型人才进行培养，按照各大院校的专业方向和具体情况，可侧重农业生物技术、工业生物技术、医药生物技术、环境生物技术及海洋生物技术等分方向培养。

3. 复合性

培养具有多专业背景，尤其是交叉学科型人才，如可在大学主修一个专业（生物技术），辅修另一个专业（如企业管理或国际法等）。

（三）教学方法

1. 运用现代化教学手段

通过计算机联网、多媒体等手段，向学生展示与现代生物学专业有关的最新进展、技术等。

2. 培养动手能力和创新能力

各门实验课均要为每位学生能够实现自己动手创造条件，尽早安排学生进入科研课题组或进入教学基地进行实习。

3. 培养自学和独立思考能力

要求学生对最新的参考文献进行总结、归纳和交流，培养学生自学独立思考能力和表达能力。

4. 教学实习与毕业论文（设计）

按照现代生物学专业的课程要求，选取合适时间对教学实习进行安排。

毕业论文是培养学生从事科学研究和独立工作能力的一项重要内容，学生需要在教师的指导下完成立题、文献检索、设计技术路线、分析结果和论文撰写等全过程。

（四）教学质量评价体系

建立一套科学、可行、完整的教学质量评价体系，包括平时测验、学期考试和毕业论文。毕业论文是四年学习的一个小结，对学生具有一定的综合评价，毕业论文既包括选题的背景资料，设计技术路线，技术手段是否恰当，结果的可靠性，数据分析的合理性，结论的合理性，论文写作的逻辑性、规范性等与论文直接有关的内容，还包括对学生的学风、独立性、创造性、动手能力、合作精神、钻研精神等方面的综合评价。

五、主要课程内容和教学要求

公共基础课的课程内容和教学基本要求按教育部有关文件规定执行。

①高等数学，主要内容、要求由数学教指委定。

②普通物理学及实验，主要内容、要求由物理教指委定。

③计算机应用基础，主要内容、要求由计算机教指委定。

④化学原理，主要内容、要求由化学教指委定。

⑤有机化学，主要内容、要求由化学教指委定。

⑥仪器分析，主要内容、要求由化学教指委定。

⑦普通生物学，主要内容、要求由生物教指委普通生物学教学指导小组定。

⑧微生物学。

主要内容包括：微生物的类群与形态结构，微生物重要类型的营养、代谢、增殖及其控制，微生物的遗传变异，微生物生态学及分类知识；农业微生物、工业微生物及发酵工程简介；病毒、病原微生物的传染，免疫学原理和应用简介。

实验内容主要包括：无菌操作技术微生物的分离与筛选，菌种培养与鉴定等基本操作技术；几种重要微生物的鉴别和性能测试方法，免疫学应用技术。

要求学生掌握微生物学的基础理论知识及研究微生物的基本实验方法和技术。

⑨遗传学。

主要内容包括：遗传的基本规律，染色体遗传与基因学说，遗传与变异，数量性状遗传，细胞质遗传，群体遗传与进化，遗传工程简介等。

实验部分主要包括：遗传基本规律的验证，动物、植物和微生物遗传分析方法，动物与植物染色体技术等。

要求学生掌握上述遗传基本规律和遗传学基本理论，并初步掌握上述遗传学实验技术。

⑩细胞生物学。

主要内容包括：细胞的表面结构与功能，内膜系统的结构与功能，溶酶体与细胞内消化，能量转换细胞器与能量代谢，细胞骨架和细胞运动，细胞核结构与功能，细胞的分化与发育，细胞的增殖与调控，细胞的起源与进化，细胞生物学的研究方法。

实验主要包括细胞及细胞器的形态结构观察，细胞化学反应，细胞生理活动，细胞组分的分离提取，细胞培养技术及制片等。

学生应掌握细胞的形态、结构、功能、定位及重要生命活动的现象与本质，初步掌握细胞生物学实验的方法与技术。

⑪生物化学。

主要内容包括：氨基酸与蛋白质的分子结构和物化性质，蛋白质的多样性与生物功能；核苷酸、自由核苷酸与高能磷酸酯；核酸类型、物化性质与功能；酶的类型、共性辅酶维生素与激素的结构、性质及对酶活性的作用；糖、脂质的代谢与调控；生物氧化，细胞代谢与能量转换，氮化物的分解代谢，氨基酸、核苷酸的生成，蛋白质生物合成；细胞代谢网络及其调控。

本课程以动态生化为主，内容与有机化学相衔接，与生化专业课是分工与配合的关系。

实验部分除验证课堂讲授的部分内容外，应加强学生对一些重要生命物质的定性及定量生化分析，代谢中间物质的测定、分离鉴定等技术的训练。

要求学生了解组成生物体各类物质的结构与性质，特别是生物大分子结构与功能的关系，几大类生命物质的主要代谢途径，及其在生命活动过程中的变化规律；掌握有关生化实验的基本技术。

⑫分子生物学。

主要内容包括：核酸的分离、纯化；RNA 和 DNA 分子结构和物化特性；核酸酶切与序列分析的原理与方法；DNA 复制与遗传，DNA 复制误差与损伤的修补，遗传突变与人工诱变；转录与 RNA 生物合成 RNA 的类型反转录；核苷酸序列与遗传信息，基因类型与结构：rRNA 基因，小 RNA 基因，原核生物结构基因与操纵子，真核生物结构基因；基因活化与转录调控。遗传密码，翻译及其调控，翻译后加工；生物基因组内涵，染色质、染色体结构；染色体和基因的演变与自然选择，分子进化论简介。

⑬生物技术及大实验。

主要内容包括：DNA 重组技术，原核和真核异源表达系统以及定点突变和蛋白质工程原理；应用分子生物技术生产代谢物、疫苗、药物、诊断试剂细菌化肥和杀虫剂，以及生物除污、生物废物利用，利用重组微生物进行大规模发酵生产的过程以及主要发酵技术；环节动物和植物的生物技术及应用于人的生物技术，如分离人的遗传疾病基因并如何应用于治疗；现代生物技术的操作规则和专利申请等问题以及现代生物技术对人类生活的精神领域等各方面的影响。

要求学生掌握现代生物技术领域的基础知识和原理，了解一些应用实例和研究开发的最新进展。

实验方面要求以分子生物技术训练为主，与专业课相衔接，并与专业课密切配合，并辅以重要的仪器分析示范实验。要求学生掌握必要的生物技术研究方法。

下列内容供参考，如实操有困难，可根据具体情况将部分项目改为演示实验。

一是生物材料的预处理、试剂制备、各种提取液配制等。

二是核酸的分离、纯化及定性和定量分析。

三是 PCR 技术。

四是外源基因在原核生物及真核生物中的表达、表达载体的构建、感受态细胞的制备、重组质粒的筛选、诱导表达等。

五是表达产物的分离、纯化、测定。方法根据不同的基因产物而定。

六是微生物细胞大量培育、菌种的扩大培养、工程菌的大规模培养。

七是细胞融合技术。

八是组织培养技术。

九是基础免疫技术。

第二节　现代生物学专业设置改革与实践

一、现代生物学专业设置思考

生物学专业重视工具性和实验性课程在人才培养中的作用，以素质教育和能力培养为核心，改革基础课教学，重视开设应用性选修课。采用教学与科研相结合，导师负责制的分流培养方案。

国内以清华大学、上海交通大学为代表的许多重点高校开设现代生物学导论等普通生物学类课程来满足学生对生物学知识的迫切需求，作为生物专业最重要的必修专业基础课程之一的现代生物学，其教学质量的高低将直接影响到学生对后续课程的学习。

要想促进现代生物学专业教学质量的提高，我们可以结合自身的教学经验，对现代教育思想和理念加以运用，在现代生物学专业课程教学改革的过程中不断对我国现代生物学专业的课程教学模式进行新的构建。

（一）专业设置的指导思想与基本原则

1. 指导思想

现代生物学专业设置应与现阶段各大高校人才培养目标相一致，以就业为导向，坚持服务于学生就业与社会主义现代化建设的原则，基于此，构建科学、系统的现代生物学课程，积极对面向生产前沿的高级实用型人才进行培养，为生物学人才培养提供相应的支持。

2. 基本原则

（1）实现学生的全面发展

现代生物学专业的核心内容包括三个要素：知识、技能和态度。其中，来自知识和技能的专业知识能力非常重要，但它只是人们用来对外部物质世界进行改造的其中一个因素，另外，人们的身体素质和道德素质等，也是对外部物质世界进行改造的关键所在。

（2）强调适用性价值取向

对于生物学专业的教学目标来说，其职业定向性十分明确，因此，生物学专业的教学内容将会引导教育对象获得就业所需的知识、技能和态度。要在充分考虑生物学专业学生的就业需求的前提下，设计生物学专业的教学内容。除此之外，还要顺应时代发展的潮流，满足职业和行业的需求，要恰当、实用地设置生物学专业。

"恰当"是指满足实际需求，"实用"是指能够将其应用于实践。对于生物学专业设置来说，不能给予学生相对过时的技能，也不能严重脱离现实。生物学专业的理论知识不仅要掌握专业方向，还要有一定的发展潜力。职业的专向性是生物学专业教育的基本准则所在，我们要始终遵循生产或服务的实际需求，注重获取现成的经验知识，对体验实践知识予以充分强调。注重相关结论在理论知识中的应用，注重培养学生综合运用知识的能力。

（3）强调动作技能与创造性动作技能培训相结合

在现代生物学专业实践中，需要一个连续的由各种技能组成的连续综合体，所以，技能这一要素在教学内容中往往对培养不同类别的职业技术人才起到一定程度上的主导作用，并且对于生物学专业技术人员技能培训来说，不能仅仅停留在再造性操作技能上，而应该基于再造性的技能，注重对创造性的动作和智力技能的培养。

由此可见，设置生物学专业时，要对实训、实习和实验课程予以充分重视，除此之外，还要注重培养学生的开拓精神以及创新、创业的意识。

（二）专业建设的机构组成与职能

1. 生物学专业建设委员会的组成

基于校企联合、订单式培养的基础之上成立的生物学专业建设委员会，其人员组成主要设 1 名主任，2 名副主任，1 名秘书，5 名委员，2 名顾问。在人员的组成上，主要侧重于生物企业，聘请周边地区相关企业以及具备高级职称的专业技术人员。顾问的人员构成一般主要是生物学专业方面的专家。一般情况下，主任需要对生物学专业的全面工作进行负责，而副主任起到协助主任的作用，主要对专业建设委员会的各项工作进行负责，另外，秘书的职责主要为召集、汇报以及会议记录等。最后，由顾问负责对课程设置的指导和最终评审进行把关。

2. 生物学专业建设委员会的职能

①对现代生物学专业的人才培养目标、教学安排等进行制定。

②指导教材的选用与编写，负责对相关图书资料进行订购。

③组织开展广泛的行业研究，对现代生物学专业的人才培养规格、能力、素质结构进行研究，同时把握生物学专业的办学方向。

④指导教学大纲的编写，并且还要对现代生物学专业的基础课程和专业课程的教学基本内容进行确定。

⑤积极对现代生物学专业的实训基地建设进行参与和指导。

⑥制定学生实训中的实习计划和实习大纲，并且严格管理校外实训基地的教学，保证现代生物学专业学生的实习质量。

⑦积极引进高素质的专业人才参与到现代生物学专业的教学中，培养出一支更加优秀的教师队伍。

（三）现代生物学专业的培养目标

按照现代生物学专业的特点和市场需求，可以将培养目标划分为基本培养目标与岗位培养目标。对于任何一个现代生物学专业的学生来说，都必须实现基本培养目标。在达到基本培养目标的基础上，按照不同企业对同一专业人才知识结构的不同要求，将学生划分成几个班级，根据岗位或企业的实际需求，确定并加强有针对性的岗位目标。

二、现代生物学专业教学改革的探索

（一）教学内容的改革

1. 教学体系的整合确立

与其他专业课不同的是，现代生物学专业的任务主要是能够使学生从整体

上，基于不同的层面了解和把握复杂庞大的生物世界以及生命现象和生物学知识，这在一定程度上对使学生拥有清晰的专业知识轮廓起到了帮助的作用。

由于后续陆续开设了其他相关课程，所以，不仅要在现代生物学专业的教学内容上对学生的知识水平进行考虑，而且还要避免同后续专业课程的重复。在很长一段时间的教学实践中，根据课程知识的内在逻辑性和生命的基本特征，可以将教学体系划分成以下几项模块：生命的化学基础、生命的基本单位、生命的生长发育和繁殖、生命的遗传和变异、生命的多样性、生命的起源和进化、生物与环境。

2. 教学内容的扩充删减

随着课时的逐渐减少，教学内容也必须相应地进行调整，这就要求教师在教学内容上做出适当的选择。需要引起特别注意的是，在现代生物学专业教学中，在对各个章节的内容进行讲授的过程中，要对现阶段生物学获得的各项成就进行介绍。

除此之外，在生物学专业课堂中可以简要介绍获得的诺贝尔奖和相关的科学研究项目，还可以向学生推荐阅读课外书籍的网站，这样不仅可以拓宽他们的专业知识层面，而且还可以使他们对生物学发展的新进展得以充分了解，从而使他们致力于生物学的研究与学习，最终培养出高级的生物学人才。

对于现代生物学专业来说，其课程主要集中在微生物学、生物化学、化学工程等领域，没有深入动、植物生物学等方面的课程。

所以，要想保证生物学专业的教学质量，就应该按照培养方案的要求，适当减少动、植物生物学相关章节的内容，增加微生物特别是工业微生物等课程，这也能在一定程度上促进现代生物学专业的发展。

（二）教学方法的改革

1. 以学生为本

学生可以参与到现代生物学专业的教学中来，通过比赛的方式进行讲课与互评，给教师留较少的时间进行课堂的点评与补充。

在现代生物学专业的课堂上，可以采用小组合作进行，同时附加多媒体演示的方式，使每个小组内的各个学生都可以上台进行讲课，从而提高学生的语言表达能力，同时还能够在一定程度上促进师生教学的良性互动，为教师充分了解学生提供了帮助，最终能够促进教学的良性开展。

2. 理论结合实际

现代生物学专业的教学任务之一就是培养学生对该专业的兴趣，要想更好地激发学生的学习兴趣，就必须将教学内容与实际紧密结合。目前，在现代生物学专业的教学过程中，与生活实践联系是否紧密尤其需要我们引起注意，如在骨骼与肌肉的相关章节中，学生需了解人死后身体的变化；在血液循环的相关章节中，学生需要学会怎样进行急救；在免疫知识的相关章节中，通过调查乙肝疫苗的注射情况，能够使学生对传染病防治的一些常识以及合理用药加以了解，积极引导学生珍惜生命，主动参与体育锻炼，从而保持身体健康。

实践证明，以上这些教学手段在一定程度上对现代生物学专业教学的良好开展起到了促进作用，并且取得的效果十分显著。

3. 强化实践教学

对于实践教学来说，不仅能够促进学生综合素质的提高，而且在一定程度上还能够培养学生的创新精神和实践能力。因此我们可以对现代生物学专业的考核方式进行改革，同时提高平时成绩的比重。

如可以按照植物生物学的相关章节，将校园作为教学基地，让学生拍摄学校内的木本植物，同时还要对木本植物的形态和结构进行观察，学生可以充分利用图书馆资料和一些专业学习网站进行学习，分类掌握木本植物的特征和资源分布，奠定生物和环境研究的基础。

因此，在现代生物学专业的教学中，我们应该格外关注学生的心理特点，密切联系课堂实践，与时俱进、勇于创新，不断积累教学经验。另外，我们还要从现代生物学专业的特点出发，基于一定的课时内，使学生能够准确把握现代生物学专业的相关知识。

（三）教学模式的改革

20世纪中叶以来，生物科学迅猛发展，获得了多项重大成就。现代生物学专业的研究成果迅速向社会生产力进行转化，同时产生的经济效益和社会效益无比巨大。因此，在现代生物学专业中，生物学科研人才的培养变得越来越重要，为现代生物学专业选择一个良好的教学模式必不可少，现代生物学教学模式主要有以下几种。

1. 范例教学模式

范例教学模式适用于生物学等知识的原理和规律。因为范例具备代表性，所以可以激发学生的学习乐趣。为了便于学生知识的迁移与应用，必须对范例教学模式提供的知识进行仔细选择和演示。范例教学模式的过程首先需要被总结成类，从人类出发，提取本质特征，最终上升到规律和原理的层面之上。

基于这一教学模式，不仅能够使学生对学过的现代生物学知识进行巩固和运用，而且还能够使学生掌握正确的思维过程以及对问题进行分析与处理的方法，除此之外，还能够在一定程度上对学生理解现代生物学的规律和原理起到帮助作用。

2. 现象分析模式

现代生物学专业是一门研究与观察的学科，必不可少的就是分析生物的相关现象。对于建构主义的认知理论来说，学生一般注重通过自己以往的经验来解释问题，这可以使学生的主体性得到充分发挥。对于现象分析模式来说，先让学生进行独立思考并小组讨论，随后学生在教师的指导下，通过简洁、合理的思路在实践中运用现代生物学的相关知识。这一模式不仅能够促进学生的沟通、合作，而且还能够培养学生的创新精神与实践能力。

3. 抛锚式教学模式

抛锚式教学模式密切关系着现代生物学专业的现实学习、生物情境中的认知和认知弹性理论，但这种生物理论更加注重技术型学习。抛锚式教学包括创设情境、确定问题、自主学习、协作学习、效果评价这几个环节。

抛锚式教学模式的建立一般要基于富有感染力的真实事件或问题。这一模式密切关系到学生的日常生活，能够使学生在日常生活中积极应用现代生物学专业所学到的相关知识，并且还能学会独立发现问题，解决问题。

4. 自学辅导式的教学模式

自学辅导式的教学模式，即在教师指导下，学生通过阅读和查阅资料进行自学的一种教学模式。在生物课程涉及面广以及难度较大的情况下，这一教学模式可以促进教学效率的大大提高，还可以培养学生进行独立思考的能力，在一定程度上促进学生更好地理解与把握科学、技术以及社会之间的关系。

同时，还可以引导学生积极参与学习过程，探索问题，勤于实践，培养学生收集与处理生物信息的能力，逐步掌握新知识。

三、现代生物学专业办学中存在的问题与思考

（一）现代生物学专业办学存在的问题

现代生物学专业普遍存在培养目标定位不清晰，师资结构不合理，实践、实训实效性不够，缺乏政策扶持等关键问题，生物学专业的转型发展是历史发展的必然要求，为此，需要在明确人才培养定位、合理调整师资结构、强化实践环节等方面构建起应用型人才培养模式。

1. 教学单一，实践乏力

在教学方式上，还是坚持传统的"教师中心、教材中心、教室中心"模式，过分强调课堂讲授，忽略了学习的主体是学生，导致教师教得痛心，学

生学得难受。重理论、轻实践使得培养出的学生高不成、低不就，理论研究功底不深，动手能力不足。地方院校虽然也宣称重视实践教学，但由于经费、师资等方面的问题，导致实践教学往往流于形式。实验教学形式单一、分散，缺乏集中的专业综合实验，多以灌输式为主，缺乏主动性与创新性；再者，形式效果甚微，特别是对于一些重要的实践环节，学生无法深入了解和体会。

2. 师资结构不合理

师资队伍实践能力不足也制约着现代生物学专业的转型发展。许多院校存在师资不足、结构不合理、双师型教师严重缺乏的现象，年轻教师比例过大，许多年轻教师没有任何实践经历，学科结构与应用型专业、课程设置结构不匹配。在师资引进方面，一是过分看重教师的学历，忽视了对能力、品行、实践阅历的要求，有些教师学历很高，但教学能力较差，教学效果一般；二是过分看重教师的科研水平，教学的中心地位没有真正体现，使教师教学积极性受到影响。现代生物学专业是一个应用性、实用性很强的专业，各个院校需要大量双师型教师，当前制度致使该类人才很难引进或者引进后受评定职称等方面的影响压力很大，以至于花费大量的精力搞学术研究，失去了双师型教师的本色。

（二）现代生物学专业办学的思考

以下思考与建议能够在一定程度上解决现代生物学专业办学遇到的问题，供讨论以及研究解决办法。

①国家应加强现代生物学专业的宏观调控，制定专业规范，明确培养规格与目标。国内 44 个现代生物学专业虽然应各有自己的办学特色，但在专业设置和教学内容上应有统一的规范，这既为校领导投入该专业的实验设备及教学维持费用提供参考依据，也有利于保证人才的培养质量。

②教学经费不足仍是制约现代生物学专业建设的主要因素。在现代生物学专业的基础上分流创办生物技术专业。现在虽有较大的改善，但与现代生物学专业培养目标要求相距甚远，使得新专业建设的方案与措施不能完全落实，建议学校给予适当经费，支持新专业运转。

③现代生物学专业应走"产、学、研"一体化的发展道路。作为应用型理科人才，现代生物学专业的毕业生要具备在该领域从事科研、生产的能力，另外，还要具备的一项重要能力即产品的生产组织管理以及营销能力。但是，这种教育和培训不能仅仅通过课堂教学来实现，建立生物技术生产实习基地，不仅给学生提供了生产实践的场所，还可以作为学生了解社会的一个窗口，了解生物技术产品的上市，需经过多少协调运行环节。现代生物学专业的科研工作应该为解决生产实践问题、新产品的开发出谋献策，促进生产的发展。

第四章 现代生物学课程体系内容改革

在现代的生物课程体系教学内容中，生物技术专业已经不单单局限于生物专业，与其他的相关学科之间的联系越来越密切。在学校教育中，开展生物课程内容的教学，是学生学习生物专业知识最有效的途径。但是，如今还存在很多问题，严重阻碍了学生的发展，因此，现代生物学课程的改革迫在眉睫。

第一节 现代生物学课程体系现状

一、生物学课程的发展历程

（一）生物学课程的起始与初创阶段

大约于 1842 年，英国传教士马礼孙（Robert Morrison）在中国传教办学。教会学堂开设的博物学课程中就包括生物学课程，其所用的教材是英译本。如果要追溯我国生物学课程的历史，其最早是在光绪年间，在当时，我国已经在中学开设此课程了。

1904 年，清政府颁布了一部比较正式的教育法令，即《奏定学堂章程》（简称《章程》）。当时清政府的教育方针具有半殖民地半封建社会的特点，实行此方针的主要目的就是要倡导"中学为体，西学为用"。对于当时的社会来说，这部方针的颁布具有重要的意义，极大地促进了当时教育工作的发展，并且还明确规定出该如何设置课程的学年，如何设置该项课程才能达到教学的最终目的等。

《章程》规定在中等教育阶段开设的学习科目共 12 科，包括博物学科，其内容与开设情况如表 4-1 所示。

表 4-1 1904 年博物学科目的设置情况

开设时间	授课范围	每周授课时数／小时
第一年	植物、动物	2
第二年	植物、动物	2
第三年	生理、卫生、矿物	2
第四年	生理、卫生、矿物	2
第五年	无	无

《章程》对博物学的具体内容和教学方法也做出了明确的规定，传授博物学科知识的人，必须根据客观实际来得出相应的知识，使学生学到的知识能够在现实生活中得到良好的运用，在教学中应特别注意的是植物与动物之间的关系，植物、动物与人之间的关系。各科教科书的编辑出版采用的是国定制和审定制并行的办法。《章程》规定："凡各科课本，须用官设编译局编纂，经学务大臣奏定之本。其有自编课本者，须呈经学务大臣审定，始准通用。官设编译局未经出书之前，准由教员按照上列科目，择程度相当而语无流弊之书暂时应用，出书之后即行停止。"

1912年，教育部颁布了《中学校令实施规则》，对于中学校该如何制定培养目标做出了详细的规定："中学校以完足普通教育、造成健全国民为宗旨。"1913年颁布了《中等学校课程标准》，也规定设有博物学课程，如表4-2所示。民国初年的学制、教学内容和要求与1903年相比差别不大，但要求开设实验。这是我国历史上第一次明确规定生物课程必须开设实验。

表4-2　1913年博物学科目的设置情况

开设时间	教学内容	每周授课时数／小时
第一年	植物、动物	3
第二年	动物、生理及卫生	3
第三年	矿物	2

1903—1922年是我国中学生物学教育的起始阶段，生物学课程正式列入国家教学计划。

1922年，当时的北洋政府对旧学制进行了改造，并且提出自己的新观念。1923年6月，政府重新并且公布了新学制中小学课程标准纲要，这对于我国的现代教育科学的发展具有里程碑式的意义。这一课程标准为后来的教育工作的开展奠定了坚实的基础，并且对中小学的课程规定了明确的课程体系，就其整体而言，具有整体性和系统性。20世纪二三十年代，该课程标准推动了我国教育质量稳步发展和提高。本次学制和课程的改革，在相当大的程度上移植了美国的做法，在普通中学方面，表现得尤其明显。如采用三三分段制，高级中学采用综合中学制，以及推行选科制，开设相当比重的选修课等。在这之后，所实行的课程标准，都是1923年的课程标准指导下的产物。

这个时期所开设的生物学课程与过去时期相比，也是趋于合理化。在初中时期，在必修科中开设的各个科目都有明确的规定，如在博物课程中，学生学习的知识主要涉及植物、动物、矿物等，在体育课程中，学生主要学习的知识涉及生理卫生。另外还有其他的设置方法，如在必修科中，直接设置自然科学科目，在这一科目中，包含博物、生理及卫生这三方面的内容。在高中阶段，在必修科中，开设自然科学科目，包括生物学，或者开设生物科目。

在高中体育课中，包含卫生法的内容。

从清末到民国这一历史阶段，我国的课程建设基本上是学习以夸美纽斯和赫尔巴特为代表的传统的课程理论。1919—1922年杜威来华讲学，系统地介绍了所谓的现代课程理论，对当时教育界产生了极大影响。

（二）生物学课程在高等教育阶段的发展

十一届三中全会以后，随着我国经济、科技、教育等方面体制改革的深入开展，教育事业得到蓬勃发展，生物学课程也发生了深刻的变革。生物学教育在恢复的基础上得到了较快的发展。通过国外学者来华讲学和国内派遣学者出国交流、翻译国外学术著作等一系列形式的交流，我国的生物学教育通过不断借鉴世界各国特别是发达国家的教育科学、心理科学的研究成果、学术观点及生物学教育改革的进展和动态，出现了新中国成立以来学术研究从未有过的繁荣景象，因此推进了我国教育事业的发展，同时对深化生物学教育改革产生了积极而深远的影响。

生物科学是21世纪自然科学领域发展最为迅速和活跃的学科，生命科学研究成果对相关的医学、药学、农学及环境科学具有重大的革命性推动作用。不论是发达国家还是发展中国家的重点大学都已把生命科学纳入重点发展学科，投入大量人力和研究经费发展建设。为适应生命科学的发展特点和人才培养的需要，教育部于1998年和2012年大幅度整合了国内生物科学专业的设置，但是生物科学类的专业课程设置的改革确是步履蹒跚，与快速发展的生物科学教学内容及人才培养模式不相适应。

当今国内各大高等院校大都已开设生物学科的相关专业，课程设置多以30年前形成的以研究对象为主要内容的课程，专业核心课主要为动物生物学、植物生物学、微生物学、生物化学、遗传学、生理学、细胞生物学、分子生物学等。这些课程内容偏重于对生物学基础理论的介绍，与生物科学的实验科学特点和学科发展的综合性和系统性不相适应。虽然很多学校也在逐渐贯彻国外的选修课方式和通时教育，但其实施方式和内容还存在很大的上升空间。目前国内大学本科生的生物类课程主要以学习基本生物学理论知识为主，必修课程太多，且内容交叉严重，实验课、选修课和前沿科学内容的涉及不足。

21世纪的生物科学将对人类社会产生重要的影响，给健康、医疗、农业带来全新的发展理念。在这样的背景下，为适应学科交叉、渗透日趋普遍的新形式和当今社会对复合型人才的需求，我国高等院校必须改变当前学生专业知识面狭窄、适应性差的状况，其主要途径就是课程设置的改革和学分制的真正实施。科技和社会的进步、生态环境的变化给高校生物学科教学提出了新的要求，各大高校应承担起培养生物相关专业创新型人才的重任。

二、生物课程的价值取向

（一）课程内容即为知识

这种对于课程内容的理解是特定历史条件下的产物，把课程内容定义为知识，即"课程内容的本质是教学认识的客体——人类，认识的成果——知识""所以说，课程的本质就是教学认识的客体。"这对课程的发展起到了严重的束缚作用。从教学圈里看课程，然后将课程的本质定义为"知识"，这是中外教育领域中较为自然的专业概念。根据这种观点，课程是一门"学科"，是一种"知识体系"。它的基本任务是为学生提供科学和文化知识，培养学生的认知能力。

（二）课程内容即为学习经验

课程内容即为学习经验的观点是对课程内容定义的突破，是在对前一观点的批评和反思基础上形成的，这是 20 世纪初期以来一批西方课程学者所持的课程本质观。这种课程定义把课程内容视为学生在教师指导下所获得的经验或体验以及学生自发获得的经验或体验，从定义中我们可以看到，"'课程内容即学习经验'的经验"有两种不同的理解。一种所说的"经验"包括种族经验和个体经验，即课程是"在学校指导下，学习者所经历的全部经验"；另一种所说的"经验"主要指学生个体的直接经验。

（三）课程内容即为学习活动

这是一个相对较新的、有针对性且较为强烈的观点。在任何情况下，不管课程内容是定义为知识还是学习经验，都存在不可逾越的局限性。前者容易"见物不见人"，后者使教师难以掌握或不知如何操作。因此，应该从学习活动的角度来取代它。

课程内容即学习活动，是指受过教育的人的各种自主活动的总和。学习者通过与活动对象的交互来实现自己的发展。它强调学习者是课程的主体，而且强调作为主体的能动性的发挥；强调将学习者的兴趣、需求、能力和经验用作实践课程的中介，从活动的完整性出发，突出课程的全面性和完整性，反对过于详细地对学科进行划分；从活动是人的心理发生发展的角度来看，注重学习活动的水平、结构和模式，尤其是学习者与课程的关系。从心理学角度来看，本课程的内容也强调全面性，即除了认知过程外，学习者的其他心理成分也必须在课程的实施中加以考虑。

（四）课程理论的发展趋势

1. 由重视学科内容过渡到重视学习者的经验和体验

当人们只强调学科时，课程的内涵等同于学科的内容，课程就会越来越排斥学习者的直接经验，由此导致的结果是学习者的权利和发展在课程中得不到保障。为了改变这种状况，学习者的现实经验和体验逐渐成为人们关注的焦点。从这个角度来说，并不是拒绝学科知识的作用，而是根据学习者的实践经验整合学科知识，使学科知识成为学习者的发展资源。

2. 由重视目标、计划过渡到重视过程本身的价值

在课程、教学过程和教学情境之前，仅以课程为目标、计划或预期结果，不可避免地会导致教育和教学过程中出现问题，这会将不能够预期因素从课程中直接排除。当教师和学生的主体性在特定的教学情境中得到充分发挥时，这种教学过程一定会展现出具有创造性的特点。但是，在这种教学过程中会出现许多不可预见的因素。正是这些创造性和不可预测的因素，将会展现出无限的教育价值。其中，最直接的影响就是人们开始超越预期的目标和方案的限制，关注教学过程本身的教育价值，并强调"过程课程"。这不是拒绝对目标与计划的认同，而是将目标和计划整合到教学环境中，以促进人们创造力的快速发展。

3. 由重视教材这一单一因素过渡到重视教师、学生、教材、环境四因素的整合

在教学的过程中，一定要避免出现教材控制课程的问题，一定要转变对课程的态度，将其视为学生的经验，并且全力追求教育教学过程本身价值。如果在课本与课程之间画上等号，就会导致片面的课程认识，即侧重于将课程作为学科内容、目标和计划。为避免这现象，在观念上必须明确教师、学生、教材、环境这四个方面之间的交互作用，充分发挥这种作用，使课程成为一个充满活力，不断发展的"生态系统"和完整的文化，促进课程观念的变革与发展。

4. 由重视显性课程过渡到重视显性课程与隐性课程并重

"显性课程"主要指的是以国家或地方教育行政部门颁布的教育课程和课程标准为基础的课程，也称"正式课程"或"官方课程"。简而言之，即在学校教育中，能够规划和组织的课程。"隐性课程"与"显性课程"正好相反，指的是非正式的、非官方的课程。简而言之，即在学校之外，学习的无意或无计划的知识、价值观、规范和态度（包括物质环境，社会环境和文化系统），其具有鲜明的潜在和隐蔽的特质。这两种课程就是课程理论中的

不同类别。在"隐性课程"中，特别重视如何利用课程资源的方法，隐性课程在人类的发展过程中发挥了巨大的作用，因此决不能忽视"隐性课程"。为了寻求内隐和外显课程之间的高度和谐，必须要打造一个良好的社会环境，营造出能够体现出轻松、自由、真实和创造性的学习氛围，将隐性课程的积极作用能够充分发挥出来，同时尽量避免"隐性课程"的负面影响，竭尽全力，共同促进显性课程和隐性课程的发展，打造学校的"实际课程"。

5. 由重视"实际课程"过渡到"实际课程"与"空无课程"并重

实际上，在学校中总会存在一些"空无课程"。所谓"空无课程"主要指的是在课程改革过程中，在学校和社会有意或无意地安排之下，一些被排除在学校课程体系之外的课程。从人类心理过程的水平出发，我们不得不承认在已有的课程目标的设置中，对于三个方面的目标的重视程度并不一致，相对于情感和运动技能目标，人们更重视认知目标。由于对前两个目标的重视程度不够，直接导致学校中出现了许多"空无课程"。而且在对于认知目标的重视上，也存在一定的侧重，主要表现为在对认知发展的重点关注中，认为文科知识和数学逻辑具有更重要的意义。然而，在认知发展中，专注于直觉和感知的课程也发挥着不可替代的影响。但是，由于得不到人们的重视，这类课程也成了"空无课程"。从内容的范围出发，还有很多对学生发展具有重大意义的内容，也都成了"空无课程"。所以，从这个角度来说，在课程改革的过程中，一方面要考虑当前"实践课程"的合理性，另一方面，还要考虑在学校教育出现"空无课程"的原因，明确课程改革的目的，提高课程改革的合理性。

6. 由重视学校课程过渡到学校课程与校外课程的整合

在当今时代下，社会的信息化快速发展，社会变迁的脚步也变得越来越快，因此，在课程的改革方面绝对不能再局限于学校这一单一的领域之中，应该突破传统的限制，将家庭与社区的作用与学校相互联系，使它们能够相互补充、相互融合，共同促进学生的发展。也就是说要从另一种角度来认识课程，即将教师、学生、教材、环境这四个方面进行有机地整合。值得注意的是，此处的环境并不是单纯地指学校的环境，还包括广泛的具有极大的教育意义的课外社会环境和自然环境。总而言之，应体现出学校课程和校外课程的高度统一。对于课程内容的认识的改变，不仅意味着课程意识的深刻变化，也意味着课程改革实践在一定意义上的发展方向。

三、现代生物课程观

（一）科学结构主义的课程观

科学结构主义课程观是 20 世纪 60 年代在西方国家兴起的、在科学教育现代化改革中形成的一种课程观。其以培养科技精英人才为目的，以提高学生的学术素养为中心，以学科中心课程为载体，以发现、探究为主要方法。其基本理念首先是科学主义哲学观。科学主义哲学观认为科学是认识世界的根本准则，把科学性作为衡量、解释和预测世界发展的方法论。科学主义思潮对 20 世纪的教育影响很大，争论多年的"实质训练说"和"形式训练说"就是它的典型反映。实质训练说强调知识教育的价值，突出掌握基础知识和知识积累的重要性，并把如何设计、组织能有效传授知识的课程和教材作为课程建设的重要任务；形式训练说则认为人的官能训练比掌握知识更重要，强调科学教育的主要任务是使学生的能力得到发展，主张课程和教材的主要功能是培养能力。但实质训练说和形式训练说都认为教育的本质功能是培养适应科学和社会发展的人，所以都属于科学主义思潮的表现形式。

科学结构主义课程观的另一基础理念是结构主义哲学和心理学。受结构主义哲学观的影响，科学结构主义课程观高度重视知识结构的学习意义和课程结构的价值。其基本观点如下。

1. 基本结构

学习一门科学课程首先是学习这门学科的基本结构，掌握知识的基本结构是获取知识的最佳途径。从课程编制来说，学科基本结构也是构建一门学科内容体系的最简捷方式。

2. 基本方法

学习学科的基本方法，就是学习能够反映学科学术规律的基本观念、概念、原理、技能、方法等。掌握它们就能形成对这门学科本质特性及其应用规律的理解，从而促进学习者运用这些结构性的知识、技能和方法去发现问题和解决问题。

3. 理论知识的指导作用

课程编制要发挥理论知识的指导作用，以此作为设计内容体系结构及课程学习过程的基本依据。因此，要尽量使理论知识的学习提前进行，并贯穿在课程学习的全过程之中，从而能对其他知识的学习起到指导作用。同时，要通过探究来学习科学过程的程序和方法。因此，课程编制也可以以探究的方式和探究的过程来构建学习体系。

4. 课程体系具有结构性

课程体系是一个由基本学习单元构成的多级分层发展体系,下一级结构是上一级结构的基础,下一级结构的形成则要以上一级结构为先导。整个学习过程呈现螺旋式发展的特征。

科学结构主义课程观在提倡课程内容结构化的同时,也同时提倡关注课程结构的平衡,包括课程计划中分科课程与综合课程的平衡,学科课程中知识与过程方法的平衡等。

(二)科学人文主义的课程观

20世纪80年代后,国际科学课程的发展强调科学与人文的平衡。科学主义和人文主义的相互交织,导致新学科主义的复兴。新学科主义课程(academic subject curriculum)强调课程发展需要考虑:①学习者的天性和兴趣;②社会需求;③知识间的相互关系;④理论知识和应用知识之间的连贯性等。新科学主义课程观要求建立起一种使人性、理智和社会互相协调的新型课程。

科学人文主义的课程观,正是新学科主义课程思潮的产物。科学人文主义课程观的哲学基础是科学主义和人文主义的结合,它强调科学课程的教育目的不能局限于科学知识、技能与方法的领域,而应重视科学与人文的平衡。主要包括以下几点。

1. 提高学生的科学素养

学校科学教育的中心理念是提高学生的科学文化素质,即科学素养。它既包括对科学知识、科学过程与方法的理解,也包括对科学、技术、社会三者关系的理解,还包括科学精神、科学态度、科学道德、科学情感等人文品质的培养。

2. 拓展课程内容

为了达到提高学生科学素养的目的,必须扩展科学课程内容的选择范围,构建新的科学教育领域。例如,把社会现实中需要认识的科学问题和学习者生活中经常接触到的科学事例作为课程资源加以开发,使科学课程体现科学的社会应用性和人文性。

3. 注重学习的联系性

科学学习要注重历史与逻辑、探究与建构之间的相互联系。例如重视科学发现的历史范例,注重描述科学的历史情景,让学习者通过有历史情景的学习,认识科学发展的过程,理解科学逻辑发展特性与社会认同之间的关系,等等。

科学人文主义课程观把课程视为文化传承和文化传播的载体，是社会文化的组成成分，追求科学与人文并举的国民科学素养的提高。

总之，在当前社会文化急剧转型的时期，作为一个相对封闭的系统，教育的相对保守性体现得更为明显。在课程方面，课程内容相对于社会事物的变化和学科的发展，显得比较滞后，内容比较陈旧；课程不能及时反映社会文化的变化，造成课程所体现的文化趋向与学生所面对的时代文化不适应；课程偏重传承，对创新精神的培养不够；文化多元化的潮流要求课程应更多体现地方和学校特色。诸如此类问题就成为我们所面临的课程改革的历史使命。

四、生物课程的意义

（一）促进自然科学的发展

其实早在自然科学发展的初期阶段，生物学与物理科学在关系上就已表现出了非常的联系。一方面，生物学在不断的发展进步，物理学、数学、化学和技术科学渗透到生物学领域，新理论、新概念和生物学问题的有效结合以及新技术和新仪器的应用得到了极大的改善。值得注意的是，具有准确特质的生命物质分析，具有综合能力的复杂生命系统，这两个内容更是在生物学的发展道路上发挥了不可磨灭的作用。另一方面，生物学的研究并没有停止，它也渗透到其他学科的研究领域。对于已存的物理、化学和数学学科来说，它们的理论和方法都向前发展了一大步，在此基础上不断形成新的前沿学科。例如，在数学、物理和化学等学科的研究内容上，人类基因组计划和分子设计的研究就已经针对这些内容做出了重大的贡献，并且发挥极大的积极影响，提出了很多的重要理论和技术问题，这将直接促进新研究领域的产生与发展，并将引起人们对这些新的研究领域进行深入的探讨，使人们能够普遍关注这些新的研究内容。与此同时，这些学科的成就，不仅有利于自身的发展，还在生物学的道路上具有重要的意义。

对于生物学与物理科学之间的关系，我国的不少学者都发表了相关的看法。吴望一教授主张生物学与生物力学之间相互依存，相互影响，在解决生命现象的问题时，力学的发展是一条最佳的选择路径。赵凯华教授说"几乎所有的物理学分支学科正与生物学各分支学科交叉，而且所有成就都是两个学科单独做不出来的东西。"何天敬教授说："化学与生物的交叉很重要，有的问题用原来的思路解决不了，而交叉学科就思路开阔。"冯焕清教授说："我们和生物学早就结合了，尤其是与解剖学和生理学相结合。"由此可见

21世纪生物学与其他自然科学和技术之间相互渗透相互促进，无论在深度和广度上均将以空前的规模发展。

许多生物学类和非生物学类的专家教授认为，在跨学科教育中一定要特别强调生物学教学，他们举了许多实例证明生物学与理科各学科交叉能更好地培养出人才，出成果。因而在培养理工科人才的基本素质中，必须强调具备一定的生物学知识基础，否则就会造成学生知识结构上的一大缺陷，既影响学生的发展前途，又影响科学的发展。所以，非生物学类各专业普遍开设生物学类基础课是面向21世纪培养宽口径厚基础，具开拓精神的创新型人才的需要，是切切实实转变教育思想和教育观念、实施教学改革的举措。

（二）促进经济和社会的发展

当今全球生态意识的觉醒，现代自然科学的综合趋势和日益发展的生物学正冲击着人类社会文明，作为高新技术的生物技术成果的产业化等，促使着人们的许多观念发生改变。知识经济已经顺利迈入21世纪的大门，并且对不同的人提出了不同的要求。在高科技领域，生物学知识对人文社科工作者提出更加严格的要求；经济和管理学工作者要面对生物技术产品日益充塞的市场经济；新闻工作者要准确地报道生物学及与其他自然学科交叉、综合的新成果、新进展；法律工作者将涉足生物学发展有可能带来的人类社会某些伦理、道德观念的变化，家庭和行为变化等有关法律的问题以及科技含量越来越高的刑事案例；文学工作者的作品中也不可能不涉及生物高科技的发展等。生物学课程有利于拓宽学生的知识面，有利于完善学生的知识结构，提高学生的科学素质。所以从这个角度来说，站在时代和社会发展的高度，加强现代生物课程建设已经迫在眉睫。

（三）是大学生素质教育的重要组成部分

各高校通过改革政治思想教育课程，以多种形式加强学生政治思想工作和校园文化建设，热爱祖国、勤奋学习、积极进取、勇于面对挑战，成为大学生的总体精神风貌。然而，由于知识经济的到来，大学生将面临越来越大的压力，同时也将面临越来越多的社会需求。因此，在实际学习生活中仍存在许多矛盾和冲突。在身体，生理和心理快速变化的时期，由于相关教育的滞后和性科学知识的缺乏，导致了生理上快速成熟与心理发展缓慢之间的矛盾，身心素质差等。这些问题都直接或间接地影响着大学生综合素质的提高和学习的进步。

五、生物学课程中的问题

（一）知识本位倾向

长期以来，学校教育以书本为中心、以教师为中心、以学科为中心，对于学生而言，其任务只是接受和储存前人的知识，这种知识本位的课程体系不符合时代发展的需要，也阻碍了学生创新精神的培养。

（二）无法落实素质教育

生物学课程应当与时俱进，以适应时代与职业需求为目标。为此，应更加注重学生的发展和社会的需求，更多地反映生物科学的最新进展，更加关注学生已有的生活经验，更强调学生的主动学习，并强调实验环节，而现行的生物学课程却不能与之相适应，这是引发生物学课程改革的主要原因。

六、课程改革的建议

首先，重视生物学基础知识和基本理论的传授，强调学科间的交叉渗透，深入浅出地反映现代科学的发展。

其次，注重对学生科学综合素质创新思维能力和自学、独立分析解决问题能力的培养。

最后，根据生物学的特点，努力实现教育技术和手段的现代化以丰富课堂教学，提高学生的学习兴趣和信心，提高教学质量。

21世纪是多学科交叉的时代。面对21世纪科学技术综合化、整体化特征，科学技术与人文科学相互渗透的趋势，21世纪生物学将成为最活跃的学科，并有发展为新的科学革命的趋势，非生物学类专业开设生物学基础课程已势在必行，这是时代的呼唤。我们希望本项教学改革能得到教育部的重视和继续支持，在全国院校生物学教学指导委员会指导下，各高校通力协作，并与非生物学类专家、师生达成共识，抓住机遇，迎接挑战，共同为培养和造就大批高素质、厚基础、复合型、创新型人才做出努力。

第二节 现代生物学教材改革与学生能力的培养

一、教材的作用多元化

与专著相比，教材体现出了巨大的差异性。专著主要追求的是学术层次的高低以及学术所展现出来的价值意义；教材则追求的是教育水平的内容，主要涉及如何向学生传授知识，如何培养学生的能力与综合素质。

随着科技的不断发展，人们对于知识的需求量日益增加，而且知识的时效性越来越受到人们的关注。社会的客观实际也越来越需要相关方面的人才。在这种大背景的影响下，绝对不能将书本的知识烦琐化，将教材局限在传授知识这单一的领域，这样培养出来的人完全不符合社会的发展。在这里必须明确的是，学生应该有自己获取新知识和创新思维的能力，以便在未来变化和竞争的社会中站立和发展。所以，从这个角度来说，教学改革中，一定要注意避免教师对学生进行机械的、僵硬的知识传授，而是要帮助学生培养能够自主学习知识的能力。

二、培养学生多向思维和综合能力

在快速发展的今天，生物学成为 21 世纪交叉学科的主要交汇点之一，并且在当今学科发展中占据主要的位置，现代科学发展的基本特征，逐渐体现出学科综合和学科交叉的特点。在目前世界上，最大的科学工程人类基因组项目，耗资巨大，意义深远，堪比阿波罗登月计划。它主要包括化学信息、科学、数学、计算机等多个学科的交叉，将多学科综合展现得淋漓尽致。值得一提的是，在 20 世纪 80 年代末，生物信息学（Bioinformatics）以惊人的速度促进了人类基因组计划的快速发展，为了完成推动生物学快速发展这个伟大的目标，有很多伟大的科学家做出极大的贡献。化学家和物理学家积极地向生物学中融合本学科的内容，例如在美国，格里菲斯、埃弗雷、麦克利奥特等于 1944 年建立核酸作为遗传物质，还有包括物理学家沃森和克里克提出 DNA 双螺旋结构模型等，这些都极大地推动科学的进步与发展。21 世纪这个新的时代，又对我们提出了新的要求，特别是对生物学家来说，该怎样做才能将生物学与其他学科实现更好地融合与贯通，同时积极地吸取其他学科积极的方面，实现共利共赢，共同进步，在培养复合型人才方面，发挥自己应有的效力，并在其中占据重要的位置，这是生物学家所要重点关注的。在教材中，我们必须有意识地、启发性地将它们展现出来，这将对拓宽学生的思维和培养学生的综合能力发挥影响，这样学生在未来工作或进一步学习中遇到或考虑问题时，就能拓宽思维，与其他学科相互结合，进而获得新的灵感和创新思维。

三、使学生走在学科发展前沿

我们不得不承认，社会的快速发展如同一把双刃剑，给我们带来便利的同时，也为学生的学习带来了一定的阻力。现如今，人们对知识的渴望，直接促进了学科科目的与日俱增。同时，人们对于知识的时效性也越来越看重。

但是我们不得不正视一个问题，即学生在学校学习到的知识，可能在学生毕业时已经完全用不到了，这就使学生无法真正的与社会实际接轨，生物学在这方面的问题尤为显著。所以，从这个角度来说，在适应新的变化和发展时，不仅要加快教材的出版速度，而且从教材的内容出发，还应该竭尽全力缩短学生与现代科学发展的距离，使他们能够适应不断发展和变化的形势，并在毕业后很快反映出他们的适应性，在教材内容中体现出"新"的特点。这里提到的"新"，一方面涉及我们的传统概念，即基本理论、基本知识、基本技能，这是教材的关键点。学科在不断地发展进步，而我们所追求的"关键点"也相应地发生了改变，这就要求我们用时代的发展的眼光来看待这件事。如在 20 世纪 90 年代的时候发现，酶的概念不再是过去的"酶就是蛋白质"的概念了。抗体酶概念的出现给抗体和酶带来了新的内容。由于 1996 年完成的古细菌第一基因组序列与 rRNA 序列的比较测定，具有明显的一致性，整个生命不再是原始的两个边界（原核生物和真核生物），而是三个边界，即真细菌，古细菌和真核生物。所有这些都表明这三个基础正在发生变化。随着这一主题的发展，应该赋予它新的内容，删除旧的内容。在必要的情况下，可以指导学生查阅过去出版的书籍。另一方面，一本好的教材不应该仅有关键部分，还应该向外扩展，将学科的发展状态和学科取得的进步展现给学生。在向学生展示这些内容时，要选择合理的方式与方法，帮助学生了解当前的热点或主题的焦点以及辩论的问题。这将是教材"新"的重要表现。这方面的"新"无疑将空前提高学生的学习热情，培养学生从实际情况出发，提出和解决问题的能力，还有利于鼓励他们积极参加各种学术研讨会和提出大胆的问题（反映积极的学术思想等），将在这些方面发挥有效的积极影响。与此同时，只有在新的起点或知识前沿，我们才能谈论发展和创新。

四、培养学生的创新和开拓精神

时代在发展，我们迫切地需要打破常规思维的限制，这时创新的重要性就显现出来了，创新已然成为社会发展的主要动力，只有具备了创新的精神才有资格参加竞争。在这一方面，我们应该向国外的教材学习，他们非常注重培养学生的创新精神，侧重启发学生的灵感。国外教材在重要内容的安排上，不仅要求帮助学生知道这是什么，还要帮助学生知道这是怎样来的。此外，一些重要的发现和发明将会做出标记，例如以不同的颜色和字体醒目地展示在适当的位置，这些发现和发明有利于培养学生的逆向和多向思维，激发学生对知识的渴望，帮助学生灵活运用知识，敢于创新。在此基础上，每个章节之后还要设置"思考问题"，这些问题经过细心地挑选与巧妙的设计，使学生能够通过类比的方法进行学习，从一个实例中得出推论，并应用到其他的知识内容中去，进而打开他们的思路。

学生的能力和素质的培养必须是全面的，其中主要涉及了教师水平和教学艺术，学生实践课程和知识结构的合理安排，以及其他综合能力和素质的培养，其中教材对塑造现代大学生的重要蓝图起着不可取代的作用。

第三节　现代生物学课程结构的优化调整

一、现代生物学课程的教学设计

（一）教学设计要促进学生的全面发展

1. 因材施教

生物课程的教学设计面向全体学生，促使每位学生在原有基础上得到最大限度的发展。面向全体学生的实质是面向每一个有差异的学生"个体"。因此，在教学中，教师要把基本要求同特殊要求结合起来，把着眼全体同因材施教结合起来，把班级授课同差异教学结合起来。

2. 全面发展

学生的素养是其内在的心理特性，取决于其心理结构及其质量水平，提高学生的素养，就必须化知识为智慧，积文化为品性。为了使学生实现全面发展，生物学课程的设计不仅要重视基础知识的教学和基本技能的训练，发展学生的智慧和能力，而且要促进他们积极的情感和态度以及正确价值观的形成。

3. 主动学习

为了培养适应新时代要求的、具有创新精神和实践能力的优秀人才，新课程的教学设计要注重充分发挥学习者的主体作用，创设合适的教学情境和条件，激发学生的学习热情和动机，引导其主动参与、乐于探究、勤于动手，在自主的活动中理解、掌握和运用所学的知识。

（二）从整体上把握教学结构

1. 课程的目标结构决定教学结构

课程目标是课程编制的依据，也是教学活动的出发点和归宿。生物学课程的教学设计，要把教师的教学、学生的学习、教材的组织以及环境的构建统一起来，使之形成有序运行的系统。

2. 整合教学结构要素

对于生物学课程的教学来说，教材绝不等于课程，教学设计也并非只是备

"课"。在现代教育理念下，应将课程视为学生的经验，强调教学过程本身的价值。这就要求把课程视为教师、学生、教材、环境四因素持续交互作用的动态情境，课程由此变成一种动态的、生长性的"生态系统"和完整文化，教学设计也应当注重对教师、学生、教材、环境四个因素的配合与整合。

3. 实现师生与教材的同步变革

对生物学课程进行优化调整的目的在于改变学生的学习方式，确立学生在课程中的主体地位，建立自主、探索、发现、研究以及合作的学习机制。要真正转变学生的学习方式，就要改变教材的呈现方式、教师的教学方式和师生的互动方式，这是新课程的教学设计的着力点。事实上，当代的课程学习方式已经走向以理解、体验、反思、研究、创造为根本，现代信息技术也全面介入教学的过程。这一切都促使新课程的教学设计进行一次新的跨越。

（三）培养创新与实践能力

1. 重视对过程的感知

过程与方法也是生物学课程的目标之一，强调"过程"，强调学生感知、理解并参与新知识的寻求与获得，这是现代生物学教学的要求。就学科知识的掌握而言，"过程"表征该学科的探究经历与方法，结果表征该学科的探究成果，只有二者的完美结合，才能算是真正全面地掌握了知识。而且，感受和理解知识的产生与发展的过程，对于教会学生学习、弘扬科学精神、提高科学素养、培养创新意识与实践能力、发展学生的创造个性，都有重要的意义。

2. 重视情境创设

为了培养学生的创新精神与实践能力，教学设计应当创设一定的情境，安排一系列的教学事件，并提供相应的教学条件，通过教材呈现方式的变革、活动任务的"交付"、教学方式与师生互动方式的变化，最大限度地组织学生亲历科学探究的过程。在动手、动口、动脑和"做中学""用中学"的协作参与中，发展学生的个性和能力。

（四）应依据学科特点和知识类型设计

1. 超越学科中心与知识本位取向

随着当代课程价值观的变化和课程功能观的调整，以学科为中心、知识为本位的取向被"以学生发展为本"所取代，"学科观"也被赋予了新的内涵——学科是培养学生生存与发展能力的教学内容，是谋求学生整体发展、有利于学生主体活动而选取的经过整合的文明成果；学科知识的框架是假设性的、动态变化的；学科的学习是以人类文化遗产为线索展开的对话；各门学科知识的学习是建立在超学科的综合性学习的基础上的。

2. 凸显本学科在目标、内容、方法上的特点

每一门学科都有自己特定的研究对象和范围，它们的体系建构和知识集合也各具特色，反映了客观世界的多样性和各种关系与联系的复杂性。教学设计必须认真钻研课程标准对各门学科的性质界定、目标设置、内容构成以及教学建议，针对各自学科的特点，提出有效教学的模式和具体措施。

3. 按照知识类型组织教学

当代对知识的分类多种多样，针对不同类型知识的教学设计也异彩纷呈。加涅根据学习结果的分类，以及他对教学事件同学习过程关系所作的研究已经为人们所熟知，并进入了教学设计的操作领域。最新引起人们注意的是以安德森、梅耶为代表的认知心理学家对知识的分类，即按照陈述性知识、程序性知识和策略性知识进行不同的教学设计。这种主张为我们的教学设计拓宽了思路。

二、教学计划的特色

（一）依托于知识点构建课程体系

知识点的确立强调了从整体系统的角度提炼、整理专业基础课和专业主干课的教学内容，把每门课的教学内容作为课程体系中的一部分进行整体优化，在此基础上建立各专业的课程体系。

（二）教学计划全面化和多样化

各专业除按学校要求统一开设公共基础课外，按二级学科打通专业基础课，将生物科学和生物技术两个专业的专业基础课统一确定为动物生物学、植物生物学、生物化学、微生物学、细胞生物学、遗传学和分子生物学等七门主要课程，上述课程基本覆盖了生物学科的基础知识领域。通过上述专业基础课程的学习，使学生打下牢固扎实的学科基础，同时也拓宽了专业口径。此外，生物专业所处的现实环境，针对学生毕业之后从事有关应用性工作为地方经济发展服务这样一些实际情况，应该在各专业的培养计划中设置了弹性的模块课程，体现了人才培养的多样化原则以及生物学的专业特色，扩大了学生毕业后的就业方向。

（三）展现理工结合、文理渗透的特征

除了生物科学、生物技术专业外，其他专业如食品科学与工程专业，将这些专业的工科特点充分发挥出来，除此之外，还应该在专业基础课中设置与该专业相关的微生物学、食品生物化学等理科课程，有利于拓宽学生的知

识面，扩大专业口径。同时，明确要求各专业学生在选修课中选修一定比例的人文学科及艺术类课程，使专业教育与素质教育有机结合，使每个学生都能成为一专多能，适应现代社会发展的优秀人才。

三、教学改革的主要内容

在制定教学计划的过程中，我们应该按照培养基础扎实、知识面能力强、素质高的人才培养总体要求，对原有课程作出调整与增补，使其更加符合21世纪对生物学人才培养的要求。教学内容改革主要有以下几个方面。

（一）压缩课程时数，优化课程体系

课程总学时数得到压缩，课程体系进一步整合、优化针对原教学计划存在课时数严重膨胀，学生负担较重的问题，新的教学计划将各专业总学时数从3300学时压缩至2800学时，大部分专业课的学时数也相应减少。这样就为减轻学生负担，使学生发挥学习的主动性和创造性留有较充分的余地。对课程学时数进行压缩，主要从解决课程之间内容重复问题入手，在讨论和论证的基础上确定各门课程的主要内容（知识点），做到科学地分配学时数。对一些陈旧过时或与新专业特点不符的课程内容，采取转向、合并、停开等措施，如药剂学、药理学和药物分析三门课是原生化专业的模块课，但对生物技术专业却不适宜继续开设，新教学计划中将上述三门课合并为生物制药基础及应用，使课程体系得到整合与优化，同时也突出了专业特点。

（二）侧重于知识结构的系统性、基础性和先进性

21世纪对生物学人才的要求之一就是要有广博的知识面和较强的适应性。在制定新的教学计划时，在保证和加强基础课和专业基础课的同时，根据各专业特点增补了一些新的课程，如生物科学专业的神经生物学、发育生物学（原为研究生课程），生物技术专业的蛋白质与酶工程，食品科学与工程专业的食品化学、食品营销概论等。使各专业的课程体系更加系统，知识结构更加完整。为了使教学内容跟上学科发展的步伐，将分子生物学列入生物科学和生物技术专业的必修基础课。此外，还要求各门课程精选教学内容，既注重基础性，又重视先进性，将本学科的最新进展和教师的科研成果及时补充进教学内容中去。

（三）开设应用性课程

人才培养主要面向当地经济建设主战场。在课程设置中，应该重视对应型人才的培养。在各专业的选修课中均设有一定数量的应用性课程。如生物科学专业开设的资源生物学、食用菌栽培与加工技术、植物病理学课程直接

与农业生产相联系，应用性强；生物技术专业开设的资源微生物学、环境生物学微生物与三废处理等课程与环境保护与治理关系密切。通过相关的实践证明，这些课程受到学生欢迎，应用性课程的设置不但体现了生物系的专业特色，还有利于培养多样化人才。

（四）提高实验教学与实习的重视程度

在生物课程中，实验教学与实习是教学工作的重要环节，对于培养学生的实验技术和创新精神起着重要的作用。新的教学计划中明确要求各门实验课，尤其是7门专业基础实验课要减少验证性实验，加大机能性和综合性实验内容。特别是要将分子生物学实验列为生物科学与生物技术专业的必修课。在课程实习方面，教学计划明确各专业实习的时间、内容及基地。为了进一步提高学生的实践能力，在生物学专业应该成立多个开放实验室，明确开放实验室的内容及指导教师。这些措施对于加强学生的实验动手能力，实践能力与创新精神，将会起到积极的促进作用。

第四节　现代生物学和交叉学科在教学中的交互作用

一、现代生物与交叉学科的交互

（一）现代生物学与化学在学科上的交叉

就其整个历史轨迹来看，化学和生物学之间存在着突出的相互作用，并且有相关的事例能够对其进行论证。1958年，英国化学家桑格研究了胰岛素的第一个测量序列，为了研究透彻，他整整用了10年的时间，为合成胰岛素建立了可靠的基础，并获得了诺贝尔化学奖。大约在1960年，他从事RNA和DNA结构分析的研究，并巧妙地设计了一种DNA序列测定的直读方法。1977年，他成功测序了ΦX174病毒的全长cDNA并发现了重叠基因。1980年，他第二次获得诺贝尔化学奖，成为世界上唯一获得两次诺贝尔化学奖的学者。在生物学发展的道路上，桑格也做出了巨大的贡献，并且突破了学科的限制，他使用的实验方法是一种经典的化学方法。随着时代的发展，人类基因组研究已经成为生物学的一个热点问题。预计在短时间内完成人类单倍体病毒中30亿个碱基的测序。国际人类基因组计划已经投资了近100亿美元。来自30多个国家和地区的科学家参与了生物学史上最大的研究项目。人们渴望了解自身遗传密码的奥秘。许多生物学家、物理学家、化学家和数学家都致力于这项伟大的工程。在这个伟大的项目，最基本的人类基因组测序方法是化学家提出的碱法测序，化学家采用的方法已成为完成人类基因组计划的基本技术路线。化学研究对生物学发展的贡献已成为自然科学领域的光辉篇章。

（二）现代生物学与化学在课程上的交叉

1. 化学在生物学课程上的交叉

在生物体中，其基本构成主要包括蛋白质和 DNA。在这里蛋白质的主要成分是氨基酸，氨基酸主要是由无机分子如碳、氢、氧和氮组成的有机化合物。生物体的遗传物质 DNA 包含了很多的物质，其主要成分是核苷酸，核苷酸由碱基、核糖和磷酸组成，每 3 个核苷酸决定 1 个氨基酸，多个氨基酸形成蛋白质分子，DNA 和蛋白质形成了丰富的生物群落，并决定了生物体的遗传特性。1944 年，生物学家格里菲斯设计了闻名于世的肺炎球菌转化实验，他将有毒性的肺炎双球菌的 DNA 转入无毒性的菌类中，使得无毒菌转化为有毒菌，从而确定 DNA 是遗传物质。这个实验的成功关键在于化学家创建了提纯 DNA 的技术，使得埃弗雷的体外转化实验所用的 DNA 完全不含有蛋白质，这样才能肯定遗传物质是 DNA，而不是蛋白质。DNA 是基因的载体，在生物遗传的研究中占据举足轻重的地位。虽然科技一直在进步，但是对 DNA 进行大规模的测序，人们一直望尘莫及。直到 1993 年，人们开始展开组建人类基因组的相关工作，由于采用了化学家提供的测序方法和应用计算机技术，原定 15 年完成的工作，于 2003 年全部完成。学习生物学的学生必须具备这些扎实的有机化学知识和实验技能，才能承担促进现代生物学发展的重要任务。

在化学学科中，分析化学是化学的重要组成部分。化学物质的定量和定性分析不仅是化学的必要技能，也是生物学的必修部分。在生物学研究中，也会涉及化学的东西，如所需试剂的制备、混合物的分离和纯化以及大分子结构的分析。举个例子来说，在位点突变的基因可编码与正常蛋白质分子具有基本相同结构的蛋白质，但是它们所具备的生物学意义却展现出了极大的不同，这就需要对相关问题进行探究，如会不会是结构发生了改变，发生了怎样的改变，氨基酸序列是否也发生了相应的变化，变化的位点具体的位置在哪里。如果想要彻底地解决这些问题，就必须用到生物大分子的结晶技术以及现代化学分析方法，如液相或气相分析。如果没有这些化学知识的支持，基因组的功能研究很难实现。

2. 生物学在化学课程上的交叉

纵观整个生物学领域，我们不难发现其中的很多研究单靠生物学一个领域是绝对无法进行的，在这之中涉及很多化学知识，有些甚至以化学知识为基石才能继续开展。因此从这个角度来说，化学是学习生物学的敲门砖。没有化学知识的支持，就无法继续深层次的理解生物学。在生物学中，生命的基本结构是化学结构。生命活动最终是物质的化学反应，但生命活动是一种更为复杂的反应。因此，为了了解生命活动的规律和生命的奥秘，人们必须具备化学知识，了解物质的化学组成、物质合成和分解的过程和原理、能量的产生和转化以及其他相关的化学知识。

时代的发展推动着生物学也在不断向前发展，它的发展不仅代表了生物学界的发展，同时也推动了化学学科，并且已经取得了令人欣喜的成绩，在生物学研究中，需要化学学科的支持与配合。如果单纯地使用生物研究方法来研究细胞这一基本生命单位的结构和功能，相对来说较为困难。如果突破传统而使用化学方法，由高分子材料制成的人工细胞膜被用来包装具有充分活性的细胞核质，则将会为细胞工程中人工种子的建立奠定基础，并能有效地促进生物学的科学研究和发展。在生物学研究中，还有很多研究没有得到解决，这是我们不得不承认的问题。如果想要学好生物学知识，就必须保证学生能够学到最前沿的化学知识，只有两者有效结合学习，才能推动生物学的进一步发展。

二、生物学与化学整合教学的实施

生物化学与分子生物学是两门既有区别又有着紧密联系的课程，它们分别属于化学和生物学分类下的课程。生物化学主要采用化学的方法分析生物体的物质组成、性质及其含量，研究各种生物小分子在体内的代谢变化；分子生物学则采用分子杂交、转基因、基因剔除等技术研究核酸和蛋白质的结构与功能，研究基因组的结构与功能，基因信息的传递、调控及其生物学效应。生物化学与分子生物学在研究内容上也有一定的交叉和重叠，这两门课程的教材在内容上的重叠就充分反映了这一问题。教材内容上的重复在教学上也造成了一定的问题，即讲授重复的知识，浪费教育资源；学生重复学习，学些兴趣和积极性逐渐减弱。同时，对于教师来说，由于课程的重复，还可能导致在课程内容讲授上的相互推脱，结果造成有的内容两门课程的教师都没有讲清，有的内容则重复讲授，对教学造成了消极的影响。

科学的不断发展，经历了一个从高度分化到高度综合的过程，这也使得不同学科之间的界限变得越来越模糊，呈现出一种交叉融合的趋势。现代人才培养模式的发展同样要求朝着综合性的方向发展，这就要求高校在课程设置上也必须实现综合化，只有这样，才能保证学生具有系统的整合的知识体系、专业技能、综合素质。对于各大院校的人才培养来说，有必要在课程设置上实现交叉学科的课程整合，以实现复合型的人才培养目标。

生物化学与分子生物学这两门课程的整合，主要是对教学内容进行整合。

但是，生化与分子生物学整合后形成的新课程内容繁杂，章节数众多，加上理论性强、内容抽象、知识点多，这些都给生物化学与分子生物学的教学带来了新的挑战，使得教师授课难度加大，同时学生也不易理解和掌握。在以往传统的教学模式中，死记、硬背成为学习生物化学和分子生物学的一个特点。整合后的生化与分子生物学课程教学要求授课教师必改变传统教学方法，努力培养具有创新精神、创新思维、创新意识及创新能力的人才。具体而言主要应该注重以下几个方面。

①联系生产生活实际，开展启发式教学。在课程的理论教学中，授课教师宜采取多种教学方法以及形式多样的教学活动来加强学生对这门课基本理论知识的理解和掌握，提高学生课堂学习效率。教师备课应依据教学内容要求、学生生活经验积累，寻求有利于教学的生活案例，找到学科教学与生活教育的结合点，把学生感兴趣的问题提示给学生，将一些日常生活中常见的现象，如转基因食品的安全问题、代谢障碍遗传病发生的原因，镰刀型贫血病的产生机制，微生物为何生产出效果极佳的药物等作为一个切入点，剖析其机制及理论依据（教材内容），这些与生活和专业相关的话题可以激发学生的求知欲与好奇心，提高学生的学习兴趣。实践证明，以上述生产生活紧密联系的问题为中心的启发式、引导式教学，充分发挥了以教师为主导、学生为主体的作用，不但加强了学生对基本知识的理解和掌握，而且提高了学生学习本课程的兴趣，同时也为学生将来从事中学生物学教学提供了相关案例与素材。

②加强第二课堂实践教学，培养学生创新能力。生化与分子生物学第二课堂以其灵活多样的教学形式可弥补第一课堂的不足，是第一课堂的拓展和延伸。开展第二课堂能促进理论与实践的结合，培养学生的创新意识和创新能力，在创新性人才培养环节中有着举足轻重的地位。教师应鼓励学生参加各类竞赛或实践活动，使第二课堂成为提高学生动手能力、培养创造能力的主要平台，真正实现让学生"在兴趣中学习，在学习中思考，在思考中动手，在动手中创新"，极大地激发创新潜能，增强创新意识。

③改革实验室管理体制，创新实验教学模式。转变以往实验室的管理观念，将封闭式的管理模式转变为开放式的管理模式，采取系统、科学的管理措施，面向全体学生开放实验室。学生可利用课余时间开展探究性实验。实验教学方法也要改革教师主讲，学生完全被动模仿操作的"习惯性"教学模式。改为学生分小组，在教师指导下，根据实验基础设计结合自身特点进行操作和进一步研究的方式，实验内容安排上保留经典实验，删减单纯验证、简单重复性实验，增设设计性实验。

第五节　现代生物学课程体系与创新创业素质教育

一、生物学课程在创新创业教育中存在的问题

近年来，各大院校对于创新创业教育的重视程度不断提高，虽然也取得了一定的成果。但是，仍然存在一定的问题，如在教育理念上的落后、与学科专业的结合不强、教师素质不高、教学方式单一、创新创业人才培养体系不健全等。因此，各大院校的创新创业人才培养应从以下几方面进行加强。

（一）指导教师队伍建设不足

尽管各大院校的生物学科教师队伍结构实现了多样化的发展，能够满足人才培养、社会服务等方面的需求。但是，对于教师来说，其有着繁重的岗位工作和任务，这就使得教师难以付出更多的时间和精力指导学生的创新创业活动。此外，教师由于长期专职从事教育工作，与现代社会中的生物学创新创业实践也存在一定的脱节。

（二）创新创业实践不足

现代生物学课程具有理论课程多、实践性强的特点。因此，学生的学习任务相对来说比较繁重。这就使学生们缺少参与创新创业实践的时间。此外实验室、创新创业活动基地的数量不足、开放度不高等原因，也限制了学生创新创业实践活动的开展。

（三）创新创业人才培养方案和制度有待完善

现代生物学课程的设置和教学仍然延续着传统的方式，缺乏针对性，影响了创新创业人才培养的质量。因此，必须对创新创业人才培养方案进行完善，并制订相关制度保障创新创业人才培养的实施。

二、现代生物学课程与创新创业教育相结合的途径

（一）加强现代生物学实践训练

创新能力的培养和提高，是需要在不断的实践中才能够实践的。只有通过实践，人们才能够将大脑中的创新思维变为现实。因此，加强现代生物学的实践训练，对于培养和提高学生的创新创业能力具有重要的作用。对于各大院校来说，在现代生物学的教学中，应采取"技能型实践教学"和"开放型实践教学"相结合的模式，培养学生实践技能和创新能力。具体来说，有以下三种方式：一是鼓励学生参与科研工作，在科研操作的实践中，得到实

践操作能力的锻炼；二是鼓励学生参与创新创业训练项目，培养和发展学生的独立创新创业能力；三是鼓励学生成立创新创业团体，开展集体的创新创业实践活动。

在创新创业的训练互动中，还必须充分保障学生的主体地位，使学生认识到自己在创新创业中的主体地位，激发起学生学习和探索的兴趣，在实践中加深对所学知识的理解和运用。同时，培养学生独立自主的思考、探索能力，改变学生在学习中被动接受的状态，使学生具备自主学习的能力，使学生在学习过程中不断发现问题、提出问题、解决问题，获得创新创业能力的提高。

（二）加强教师培养创新创业人才的理念

在创新创业人才的培养上，教师发挥着重要作用。教师的教学行为是在其教学理念的引导下进行的。对于各大院校的现代生物学教学来说，教师必须转变传统的人才培养理念，树立创新创业人才培养理念。在实践上，教师可以在教学中渗透相应的科研活动，并加入一定的创新创业实验课程等。这样一来，就能够有效地带领学生参与到科研活动中，在实践中培养和发展学生的创新创业思维与能力。教师在教学工作中需要改变传统的以知识讲授为主的教学方式，注意在课程教学中设置一些能够将知识与生产实践结合的问题，给出一些弹性命题和思路，鼓励其发挥主观能动性，引导学生积极思考。通过将大学生创新创业能力培养与课程教学相结合，促进大学生创新创业能力的提高，同时提高教学质量和人才培养质量。

（三）完善创新创业的人才培养方案设计

创新创业型人才培养需要人才培养方案的支撑。围绕创新创业型人才的培养目标，学校需要将人才培养目标和教育理念贯穿于现代生物学人才培养方案制订过程中，制订一套以培养基础理论扎实、具有较强创新创业能力的、高素质的生物学类人才为目标的培养方案。

现代生物学创新创业人才培养方案必须要与学科专业背景紧密结合，同时要兼顾生物学创新创业人才培养中的相关要素、课程设置理念、教学与实践模式等创新创业人才培养中的科学问题，兼顾学生的全面发展和个性发展。此外，还应该加强科研资源的建设，为生物学创新创业人才的培养提供支持和保障。

三、现代生物学与创新创业教育相结合的课程体系设计

现代生物学与创新创业教育相结合的课程体系设计包括通识课程模块、专业基础课程模块、专业拓展课程模块、创新创业实践课程模块及创新创业

理论知识模块 5 部分。其中前 3 个部分主要以课堂讲授的形式完成，设置必修课和选修课；创业实践课程模块以实践操作和实践体验的形式完成，设置选修课；创业理论知识模块可采用理论讲授、案例分析、模拟演练等多种教学方式完成，设置选修课。

（一）通识课程模块

通识课程模块主要开设语文、英语、体育、就业指导等通识课程，通过这些课程的学习，逐步实现以通识教育为基础的专业教育，使学生的知识、能力和素质协调发展，科学精神与人文素养达到有机融合。

（二）专业基础课程模块

专业基础课程模块主要开设基础化学（包括无机化学和有机化学）、生物化学、植物学、动物学、微生物学、细胞生物学、遗传学、分子生物学、人体解剖生理学、普通生态学、生物统计学等课程。

创新创业教育必须改革传统的专业教育模式和课程体系。在教学模式上，突出学生的主体地位，调动学生的主观能动性，将"教你学"转变为"我要学"，将"教师讲授"转变为"学生讨论"，将"教师演示"转变为"学生操作"，使学生的智慧与能力得到充分发挥和有效锻炼。在课程体系上，通过精简理论讲授内容、整合实验项目和实验教学层次，实现知识结构的全优化。在教学方法上，将讲授与自学、讨论与交流、指导与研究有机结合起来，全方位培养学生的综合能力和素质。

（三）专业拓展课程模块

专业拓展课程模块可结合地方经济发展需要，以选修课为主。该模块可开设水产养殖与开发、经济动物饲养、植物（包括名贵花卉）组织培养、特种经济作物种植、药用植物学、污水处理、生物制药、农产品保鲜、营养学、食用菌栽培等课程。这些课程的学习一定要与相应的专业实践教学基地或相关的企业相联系，聘请基地或企业的专业技术人员讲授产品开发、市场运作、经营管理、厂房建设等书本以外的实践经验和知识，并安排学生到基地或企业现场观摩教学，将理论讲授与实践操作一体化，实现知识学习与技能培养的同步进行。

（四）创新创业实践课程模块

创新创业实践课程模块由教师和企业共同指导学生完成。为了保障实践效果，学校需建立长效稳定的专业对口实践教学基地和创业实习基地，创办创业社团、创业工作室等机构，使创业实践过程从组织到形式、从内容到实践、从过程到结果，都能有条不紊、扎扎实实地开展下去。

　　学校要与当地企业密切合作，建立专业实践教学基地，为学生就业与创业提供平台。在实践教学活动中，学生应参与企业生产经营的全过程，亲身体会经营管理的技巧、市场经营的风险及企业创办的过程。教师应在专业知识、管理方法、人际沟通等多方面对学生加以引导和启迪，为学生毕业后的就业和创业奠定基础。通过各种实践教学基地、创业见习基地的建立和创业岗位实践过程的体验，实现课堂教学与课外教学、理论学习与实践操作的结合，达到使学生知识、能力和素质全面提高的教学目标。

（五）创业理论知识模块

　　创业理论知识模块以选修课为主，可根据需要和安排，由学生自由选择时间进行学习。该模块主要开设创业管理学、创业营销学、创业法学、创业投资与财务等课程，其课程设置旨在为大学生创业成果的可持续发展提供知识支撑。

第五章 现代生物学教学手段与方法改革

通过改革现代生物学教学手段与方法，以提高现代生物学教学效果，是培养现代生物学人才的必要方法之一。本章首先探讨多媒体及信息技术在现代生物学教学中的运用与实践，后列举启发式教学、探究式教学以及创新创业结合教学在现代生物学教学中的运用与实践，以期改进现代生物学教学手段与方法。

第一节 多媒体及信息技术在现代生物学教学中的运用与实践

一、多媒体及信息技术教学的基本原理与特点

多媒体及信息技术以计算机作为教学媒体，与传统视听媒体的不同之处在于计算机除有视听功能以外，它还是一种人机相互作用的交互系统，要求学生和教师必须介入交互活动，利用计算机的人机交互特性参与教学环节。

（一）多媒体及信息技术教学的基本原理

选择学习内容：学生根据自己的需要自主选择学习内容。

计算机呈现教学内容：计算机将有关的教学内容通过输出设备按照一定的教学结构以文本、图像、动画、声音、视频等多媒体形式呈现出来。

学生接受教学信息：学生接受计算机呈现的教学信息，经过思维活动加以理解和记忆。

计算机提问：当一个知识或技能演示完成后，计算机提出多种形式的问题，要求学生回答。

学生应答：学生根据对所学知识的理解，对问题进行积极的反应，将应答信息输入到计算机。

评价和反馈：计算机接收学生的应答信息，判断其正误，记录或呈现评价结果，并根据情况给出适当的反馈信息。反馈信息可以是对学生的表扬、

批评，也可以是错误原因分析或学习建议等。

反馈的强化作用：学生对应答的结果特别关心，计算机即时的反馈对学生的行为有强化作用。

做出教学决策：根据对学生应答的评价结果，计算机做出下一步的决策，呈现新的教学内容。

多媒体及信息技术教学的一般过程如图 5-1 所示。

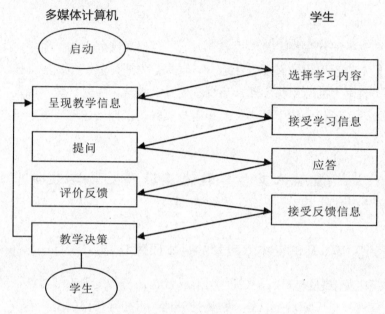

图 5-1　多媒体及信息技术教学的一般过程

（二）多媒体及信息技术教学的特点

①教学信息呈现的多媒体化。教学信息以文本、图像、声音、动画、视频等多种形式来进行表现，为学生提供生动形象的感性材料。

②教学过程的交互性。多媒体计算机具有丰富友好的人机交互界面，利用这种交互特性，使学习者的主体作用得以充分发挥。

③教学信息组织的超媒体方式。超媒体技术组织教学信息形成一种类似于人类联想式记忆结构的非线性网状结构。按超媒体方式组织的教学信息，具有多种教学信息结构，可以为教师提供多种适合不同学习对象的教学方案，可以为学习者提供多种学习路径。

④教学信息的大容量存储。多媒体计算机存储能力强，多媒体计算机网络能够为学习者提供大量丰富的学习材料。

⑤教学信息处理的智能化。教学信息处理智能化是现代教育技术的发展趋势，是计多媒体及信息技术教学研究的前沿领域。

（三）多媒体及信息技术的教学应用

1. 虚拟现实教学模式

虚拟现实（Virtual Reality，VR）就是利用多媒体计算机系统形成交互式人工世界，学习者戴上一顶特殊的头盔，便有身临其境的真实感觉，戴上一副数据手套，就能感知甚至操作虚拟世界的各种对象。

2. 课堂教学模式

课堂教学模式是利用多媒体计算机与其他教学媒体相结合，共同参与课堂的教学过程，来达到优化课堂教学的效果。在这种模式中，多媒体计算机主要用于解决教学的重点、难点问题，使用多媒体可以使抽象的变成直观的、无形的变成有形的、不可观察到的变成可观察的。总之，通过为学生提供各种感知材料，培养其观察能力，激发其学习兴趣。

3. 个别化自主学习模式

多媒体环境下的个别化自主学习模式，是指在多媒体网络环境下，利用多媒体计算机系统中的教学软件通过人机交互方式进行的系统学习。这种模式使用的教学软件大都是提供知识讲解、举例说明、多媒体信息的演示、提问诊断、反馈评价等教学过程，学生依靠自我评价和反馈信息来控制学习过程，学生学习的自主性很大。

二、多媒体及信息技术在现代生物学教学中的运用

（一）多媒体及信息技术在现代生物学理论教学中的运用

1. 辅助教师教学

运用现代多媒体技术，完全有能力精确设计出一门课程中每堂课甚至每分钟的展示内容，完成教学大纲所规定的所有教学内容。这样的课件对网络教学、远程教学无可厚非，但在目前学校中尚未取消课堂教学的情况下，教师不应成为多媒体课件的简单展示者，不能降低教师在教学过程中的作用。运用多媒体课件教学要充分考虑到师生在空间与时间上的沟通交流。课堂不仅仅是传播专业和基础知识的殿堂，也能促进师生之间进行广泛交流。在教学过程中，教师要根据学生的认知规律，随时把握和引导学生的注意力、学习兴趣，随机应变，用适时适宜的教学方法和教学手段完成教学任务。

负责任的教师深谙要让学生学知识、学做人的道理，通过课堂教学，教师用心、用情，用自己的体会感染学生，点燃学生的求知热情，通过言传身教和师生间互相交流，潜移默化地提高学生的素质。成功的课程不仅能让学生对知识有深刻的理解，更能启发学生为科学事业奉献终生的激情。在课堂

教学中合理运用多媒体技术，将大大提高现代生物学教学质量，并展示出多媒体教学的优越性及发展潜力。

2. 生动展现教学内容

现代生物学是一门研究活体的科学，生命现象中的无穷奥妙在教与学的过程中往往难以用语言穷尽。因而，图像资料成了大部分现代生物学课堂教学的必备教具。从形态上的层层剖析，到功能上的动态变化，无不充满丰富的图像素材。但是从挂图薄膜投影到幻灯都只能完成静态的图片展示，而录像与影碟片虽能展示动态过程，但在课堂上运用不方便，尤其是制作难度足以使一线教师望而却步。计算机辅助教学系统集所有教学声像设备优点于一身，电子图像、动态影像与模拟，动静结合，应用自如，这些优点为研究活体的现代生物学教学提供了极大的发展空间。

在理论课教学中运用多媒体技术的第一步是构建丰富的、动静结合的声像素材库，如某个典故、某个知识点、某种现象、某种机理。但因其工程巨大，需要一线教师广泛地、积极地参与制作。形成的软件各自虽然相对独立，但讲课者可依据学生的认知规律、个人的讲授特点等进行筛选，进行有效地排列、穿插、渗透到课堂教学中，如此就会体现出整体效应，大大提高课堂教学效果。虽然教师可能只在某些课程的某些章节运用多媒体素材进行教学，但在教学效果、缩减课时、启发学生学习积极性等方面都取得了积极的效果。在具备一定的声像素材的基础上，通过广泛的交流与合作，根据不同层次、不同对象，构建完善的多媒体课件，使现代生物学教学逐渐走向网络化，社会化。

多媒体技术在现代生物学教学中的运用虽然刚刚起步，却已经给传统教学观念产生了巨大冲击。随着信息技术的进一步发展，相信将给整个教育体系中教与学的关系，师与生的关系，甚至学校、课堂、求学、施教等理念带来全新的内容和概念。

（二）多媒体及信息技术在现代生物学实验教学中的运用

1. 实时处理实验结果

现代生物学实验的结果通常都以某种形式表现出来并被记录，如温度变化、机械变化、电变化、化学变化等。通过各种换能装置，大部分实验结果都可转变成电信号输入计算机进行实时处理。实验结果进行计算机实时处理早在 20 世纪 80 年代就已经应用于科研和教学。由于受到换能装置的限制，目前计算机实时处理在教学中主要应用于动物生理学实验。

运用计算机实时处理系统有以下优点。

①使用简便：以往的生理实验结果记录装置有记纹鼓、多道记录仪、刺

激器、放大器、示波器等，仪器多而复杂。运用计算机实时处理，可免去多种记录装置，甚至可将刺激、放大装置集一身，运用计算机的屏幕再现和人机对话功能，简单易行。

②可存储：利用计算机强大的存储功能，可将实验结果（图片、数据、描记曲线等）临时或永久储存。

③结果分析：可对实验结果（图片、数据、描记曲线等）进行分析处理，客观可靠，这是以往任何仪器都不具备的。

④输出随意：可以将结果重复输出，也可根据需要将数据、图形或曲线组合输出。对实验结果进行计算机实时处理既方便了实验过程，也提高了教学质量，将来有待被推广至各类实验。

2. 演示实验操作过程

实验操作过程的严格规范是培养学生良好的科学研究素质的重要环节。由于课时、师生比、实验经费等限制，实验前要使每个学生都能清晰目睹教师的演示比较困难，即便能亲眼所见，实验过程中难免遗忘。因此，将实验的操作过程、希望引起学生注意的问题以及关键步骤的声像和图片存入计算机，让学生进行实验前预习或实验时随时调用，具有事半功倍之效。将实验过程将设计制作成多媒体课件，受到学生的普遍欢迎。

3. 动态模拟实验

运用多媒体计算机强大的功能，可在计算机上模拟实验全过程，提供模拟的实验环境，对实验内容可改变条件反复进行实验，实验反应则根据真实的实验结果预先加以内置。这不仅能加深学生对实验目的、实验原理的理解，而且还可对尚未具备条件的某些实验进行计算机模拟实验教学。但是计算机模拟实验在实验教学中有一定局限性，因此在条件允许的情况下，学生应对实验进行实际操作，以培养学生的实践能力。

（三）现代生物学多媒体教学软件的开发

1. 开发背景

以下以普通生物学多媒体系列教学软件开发为例。为了适应现代生物学的迅速发展，生物学专业课程体系与教学内容改革的一种方案是在生物学专业低年级开设综合性很强的"普通生物学"课程，这门课程应给学生打下较深的生物学基础，使学生理解生物科学的理论和思想，并了解生物科学的发展。该课程内容宽泛、信息量大，在"教"与"学"方面都有很大的难度。为此，教育部生物学教学指导委员会决定组织全国院校重点生物学教学力量开发研制一套辅助课堂教学的多媒体系列教学软件。

2. 研究内容

（1）指导思想

以现代教育思想为指导，以现代教育技术为依托推进生物学的教学改革。

研究现代教育技术如何推动与保障生物专业的课程体系改革与教学内容改革；研究如何对传统的教学内容进行重组、改造和引入新内容，以适应生物科学与教育发展的需要；研究如何利用现代教育技术手段解决"教"与"学"中面临的困难与问题。

（2）教学内容

根据教学改革的要求，确定目标，进行教学内容的重组、改造和更新。现代生物学的迅速发展，要求学生能更早地接触现代生物学与生物技术知识，这意味着一方面应压缩传统的、描述性的内容，另一方面还要求学生有扎实的生物学基础，掌握生物科学基本理论与思想方法。在原有的普通生物学教学体系的基础上，由北京师范大学彭奕欣教授等提出了普通生物学多媒体课件的课程体系，编写出教学大纲和知识点，将传统的植物学、动物学、植物生理学、动物生理学、生态学等教学内容进行重组，保留基本教学内容，合并重复的内容，删除陈旧烦琐的内容，并适当地融入现代生物学的新内容。

（3）教学策略

普通生物学多媒体系列教学软件是以"教"为中心进行的教学设计。对教学内容的分析和对学习者的分析表明，生物学教学内容特别是有关生物体形态结构和类群的内容非常适宜用直观的手段呈现。生物及其生活的照片、视频、动物鸣叫录音、生物体结构等的图片与二维或三维动画、生命活动过程的图解或动画等是生物学教学中必不可少的媒介，其具有良好的教学效果，特别是能真实表现生物及其生活环境。根据教学目标合理地使用这类媒体，并配以文字、语音等媒介，是普通生物学中最重要、最基本的教学策略。这种教学策略能保证较高的教学效率和一定量的信息传递。

在这个根本性教学策略上，从培养学生能力、提高素质角度出发，根据具体的教学单元中的目标与特点，选用多种不同的教学方法，如通过比较的方法进行分析、归纳；通过提示，引导学习者发现一个现象或通过观察现象再得到结论。这些教学策略的目的不仅在于使教学信息能高效地呈现，加深学生的印象，获得更好的教学效果，还在于培养学生的观察与分析能力，引导学生进行更高层次上的理解与思考。

（四）多媒体及信息技术在现代生物学教学中的注意事项

①发挥多媒体计算机信息量大的特点，提供大量可增进学生学习的信息

资源，将重要、复杂问题情境的有关信息带给学生，使学生尽可能在与学习主题相关的真实情境中学习。

②强调合理地使用各种媒体和技术，任何把新技术当作装饰品的做法不仅造成了一种浪费，还将带来不好的效果，应避免用新技术去加强应试教育的现状。

③在具体内容的设计上要注意科学与艺术的整合，以达到增进教学效果的目的，不应制造出干扰学生学习的"艺术"效果。

④将制作出的软件嵌入教学中检验与评价，及时发现软件教学设计和制作中的不足，进一步修订原来的教学设计，不断提高制作水平。

⑤辅助课堂教学的软件在现代生物学教学中有很重要的作用，应是教师教学中的好帮手，不能将软件设计成为某一教师的电子教案。对普通生物学这样的大型软件的设计要考虑其通用性以及对教学的指导性，更重要的是要给教师留出发挥其特色和创造性的余地。

⑥生物科学是迅速发展的科学，现代生物学多媒体教学软件在一定程度上具有有一定的开放性，然而其开放性还有待进一步加强。

第二节 启发式教学在现代生物学教学中的运用与实践

一、启发式教学的特征与原则

启发式教学是要求教师根据教学目的、内容、学生的知识水平和知识规律，运用各种教学手段，采用启发诱导式方法传授知识、培养能力，使学生积极主动地学习，以促进学生身心发展。

（一）启发式教学的特征

1. 客观性

所谓客观性，是指教学内容、教学方法的设计和实施要符合学生的客观实际。"实际"的内容非常广泛，主要包括学生实际的需求、水平、特点、兴奋点等。从实际出发是一切工作取得成效的先决条件。教育作为一种造就人的实践活动，必须首先对所要造就的对象——"人"有一定的认识和了解，这样才能获得行动的主动权。从实际经验来讲，广大教师总结出来的"备两头"，即备教材、备学生和"要了解学生"等都是客观性的体现。凡不符合学生生理、心理、思想、知识、能力、个性等方面实际的做法，或单凭教师的"主观臆断"或教参教学，都会使得教学不和谐。

2. 主动性

所谓主动性，是指在教学活动中，学生学习的自觉性、积极性、创造性得到较好的发挥。它体现在学生对学习的意义有明确的认识，采取主动进取的态度，有克服困难的毅力，有较浓厚的学习兴趣，掌握科学的学习方法，在学习中发挥独创性。唯物辩证法告诉我们，内因是事物发展的根据，外因是变化的条件。教育的目的是促进学生的发展与成长，离开学生的积极主动是很难实现的。在广大教师的实践中，一条成功的经验就是调动学生自觉、积极、主动、创造性地学习。

3. 互动性

所谓互动性，是指教学过程中师生之间的相互配合和相互作用。它是同主动性有联系而又相对独立的一个特征。教学之间的相互配合、相互作用并非是一成不变的固定模式，而是随各种客观条件的变化而变化的。启发式的互动，不是机械的互动，不是肤浅的信息交流。其一，对学生的问题、需要等进行的双向信息交流，是有针对性的而不是盲目的；其二，是教师指点学生时是要引导学生去思考和解决问题，而不是将问题的答案简单地告诉学生。启发式从来不否定教师的作用，教学中离开了"启"，就无从"发"，启发也就不存在了。教师的作用正在于有针对性地点化、引导学生的积极性，并教给学生学习与思维的方法。这两点是学生能够主动学习的重要条件。

4. 发展性

所谓发展性，是指在教学过程中，"教"能有效地促进"学"，促进学生的全面发展，使教学活动富有成效。促进学生全面发展是教学的重要目标，实现这一目标需要一定的条件和机制。启发式教学能使这种转化富有成效，并具有发展性。

启发式教学的特点各有侧重点，客观性是出发点，发展性是落脚点，主动性和互动性是反映过程的特点，它们之间是互相依存、互相促进的。客观性是前提条件，只有从学生实际出发，才能调动学生的主动性，才能使学生有所进步；主动性是关键，只有学生对学习产生了浓厚的兴趣，学生才能有积极性、自觉性和主动性；互动性是过程，是外在条件；发展性是目的。

总之，教学只有同时具备了上述四个特点才能称之为启发式教学。只具备其中几点，只能说具有了启发式的一些因素或色彩。现在不少教师认为，问答多、自学成分多的教学就是启发式教学，讲授多就是注入式教学，也有教师觉得启发式教学捉摸不定等，都是因其对启发式的特点了解不全面。正由于此，在操作上，要么就是不知如何去启发，要么就是以误解的方法去启发，要么就是只局限在某一方面，这都是不全面的。

（二）启发式教学的原则

1. 主体性原则

学生是学习和发展的主体。学生的学习和发展必须依靠自身的主观努力，教师的主导作用主要集中在对学生的引导上，学生学习和发展得如何，关键还在其自身。

教学工作中，"教"只是一个手段，学生的"学"才是最终目的。我国教育界老前辈叶圣陶曾说过"凡为教者必期于达到不须教"。可见，学生是学习的主人，教师的"教"必须为学生的"学"服务。在学生的学习过程中，教师只是导演而不是演员，教师要善于调动学生的主动性，培养学生的自觉性，引导他们主动参与，主动提出问题、主动回答、主动陶冶自己的情操、主动训练自己的技能、主动发展自己的智力。

学生既然是学习的主体，就必须注意发挥他们的主体作用。这里有三点应当注意。一是要帮助学生树立明确的学习目的。有了明确的学习目的，才会产生学习动力，才会时刻鼓舞自己奋发图强，锲而不舍。二是要帮助学生培养浓厚的学习兴趣。兴趣是最好的教师，教师可以通过趣味导入、趣味过渡、观察和实验等形式激发学生的兴趣，在此基础上让学生自己去思考、去理解、去消化、去吸收。三是要帮助学生养成良好的学习习惯。"教之功有限，习之功无已"，教师的"教"只能解"一饥"，不能成为"百饱"。要终身受用，还必须学生自己养成良好的学习习惯，变"要我学"为"我要学"，由"学会"到"会学"，从教师那里不仅得到"鱼"，还要得到"渔"，因为方法比知识更重要，更能终身受用。

2. 独立思考原则

启发式教学的核心是调动学生的积极思维。学生学习时必须经过"想"的环节，启而不发，不只表现为学生说不出来，还表现为学生想不出来。"想"是关键，是启发的前提和基础，如果学生连想都没想，就无从启发。

"不愤不启，不悱不发"意思是教师要在学生思而未得，感到愤懑时予以开启；要在学生思而有所得，但却不能准确表达时予以疏导。如果学生不"愤（心求通而未得）悱（口欲言而不能）"则不启发，要在学生"想"到"愤悱"时再给予适当的启发。这句话表面上是说启发的时机，其实强调的是要让学生独立思考，因为"愤悱"的前提是"想"。

评价一位教师在教学中启发式教学思想体现得如何，首先就是要看其是否能有效引导学生独立思考，看其是否能够创设"愤悱"氛围。创设"愤悱"氛围的主要方法是提问、设问和质疑问难。这里有三点应当注意：一是问题要难易适度。问题过难过易都创设不出"愤悱"氛围。二是提问、设问或质疑后必须给学生足够的思考时间。这是训练学生思维的良好时机，学生思考是需要时间的，特别是有价值的问题更需要时间。如果没有足够的思考时间根本就创设不出"愤悱"氛围。三是问题必须少而精。问题少学生才能有足够的时间去思考，问题精才有思考的价值。

3. 主导性原则

过去的"教学"往往是教师教知识，学生学知识，教师和学生之间靠知识和书本相联系。其实，"教学"应该包括"教"和"学"两个方面，即教师"教"学生，学生"学"会学习、主动发展，教师和学生直接联系，教学相长。

启发式教学要求教师的引导，要在学生迫切要求学习的心理状态下进行，即在创设了"愤悱"氛围之后进行。启发式教学重在引思，一是在学生学习思维没有方向时指出思维方向。二是在学生思绪混乱时提示正确的思路。三是在学生思维遇到困难时，教师积极为其铺路搭桥，由浅入深、由简到繁、由此及彼、由表及里，以旧引新，温故知新。

4. 举一反三原则

举一反三是启发式教学的一个重要标志。如果举一知一，举二知二，学生只能简单复述教师的结论和例证，教学就没有启发性，也不能叫作启发式教学。举一反三实际上是培养学生的能力，使学生由"学会"到"会学"。要培养有能力的学生，教师首先必须具备较高的能力，让学生举一反三，教师自己必须善于举一反三，用自己的行为去影响、感染学生。同时，教师还要善于对学生进行启发引导。一要精讲精练，让学生在精讲精练中掌握问题的精神实质和基本规律。二要善于引导学生用类比法和对比法去比较异同，大胆联想。三要鼓励求异创新。发明创造多数是在前人创造的基础上求异创新的结果。所以，教师必须鼓励学生质疑问难，鼓励学生的求异思维。

5. 情感性原则

实施启发式教学，必须坚持情感性原则，这是启发式教学的一个基本特征。具体说来主要包括，一要尊重学生的人格，一视同仁。教师学生要信任和宽容，言辞不应有伤害学生的意思。"寸有所长，尺有所短"，教师对学生要充满期望和肯定。每个学生都有自己的特点，教师要长善救失。二要热爱学生，关心学生。要让学生感到教师可敬、可亲、可信任，积极建立民主、和谐、融洽的师生关系，以形成民主、和谐的教学气氛，促使学生好学、乐学、学有所成。三要正面引导，多加激励。教师要注意讲话艺术，要对学生多激励，少批评。

二、启发式教学的分类

（一）直观性启发法

直观性启发式是指通过直接展示与知识点密切相关的具体事物，如模型、教具和其他实物等，组织学生有目的、有计划、有顺序地对事物进行认真观察，使学生从抽象思维过渡到形象思维。

现代生物学中有一些文字简单、含义抽象的概念，对于这些概念的讲解，教师如果直接把概念内容灌输给学生，而忽视了学生的认知水平和理解能力，忽视了学生学习过程的客观规律，就会使学生学习处于被动状态，没有充分发挥学生学习的积极性和主动性，没有使学生开动脑筋积极思考。针对上述情况采取直观性启发法，可加强对概念内容的深刻理解。

如在讲解基因家族概念时，教师采用直观性启发法，不直接传授基因家族的概念，而是通过多媒体展示一组组蛋白结构和功能的相关图片，并举一些例子对学生进行引导，让学生从组蛋白的来源、结构和功能等方面进行思考，思考出组蛋白的规律性内涵，即来源相同、结构相似、功能相关，并指出这一组组蛋白的基因就是一个基因家族。教师通过使用直观性启发法，使学生积极思考，发散思维。学生不仅对基因家族的概念有了深刻理解，而且还掌握了组蛋白的相关知识，提高了归纳总结能力。

（二）设疑启发法

设疑启发法又称问题启发法或质疑启发法，是启发式教学中应用最广泛的一种教学方法。设疑启发法是指通过一定的教学手段，根据教学内容，设定相应的疑问或激起学生疑问，以激发学生的好奇心，调动学生学习的主动性，培养学生发现和解决问题的能力。

在现代生物学教学过程中运用设疑启发法可取得良好的教学效果。如在讲解 B 型 DNA 双螺旋结构时，并不直接讲述 B 型 DNA 双螺旋结构由 10 对核苷酸构成一个螺距，每个螺距长度为 3.4nm 等内容。教师采用设疑启发法首先应提出问题，如讲解到 DNA 长度计算时，教师提出"一个含有 1000 个核苷酸对的 DNA 片段，求该片段的长度为多少"的问题。学生会根据问题，主动进行思考，学习状态由被动学习转变为主动学习。学生根据已讲解过 10 对核苷酸的长度为 3.4nm，计算出两个核苷酸的距离为 0.3nm，再根据两个核苷酸之间的距离计算出该 DNA 片段的长度。接下来教师对教学内容进行知识延伸，进一步提出"1000 个核苷酸的 DNA 分子量是多少"的问题，讲解下部分教学内容。由于分子量的教学内容属于新教学内容，学生会对问题产生困惑，由此教师顺利引出核苷酸分子量的内容，即 4 种核苷酸的平均分子量为 330Da，如此学生便能计算 1000 个核苷酸的 DNA 分子量。学生在"生疑—质疑—释疑"的过程中，灵活地掌握了 DNA 结构、长度及分子量之间的关系。

运用设疑启发法还能起到举一反三、触类旁通的效果。教师通过知识延伸，进一步增强学生的学习积极性和主动性，如提出"根据 DNA 的分子量，计算出该 DNA 的长度、核苷酸对数和螺距数"的问题。学生通过之前的学习已经掌握了相关知识，经过思考后便可回答出问题。在设疑启发法的教学过程中既能使学生灵活、深刻的掌握教学内容，巩固教学内容，又能引起学生的好奇心，调动学生的学习兴趣。

（三）程序启发法

程序启发法又称有序启发法，是指根据教学内容，设计一套符合学生认知规律的程序，还可设计程序性练习，对复杂问题进行分解，降低思维梯度，用前一问题启发后一问题，用后一问题深化前一问题，实现问题之间的环环相扣，层层剖析，最后解决复杂问题。

由于生命活动的复杂性，有些内容不能用一般规律解释。例如，蛋白质由氨基酸组成，一个氨基酸通常由三个核苷酸组成的一个密码子进行编码，也就是说，一个 DNA 片段由多少个核苷酸组成，其编码的蛋白质的氨基酸为核苷酸的数量除以三。但这是通常情况，还有一些例外，如 ΦX174 噬菌体。ΦX174 噬菌体基因组为单链 DNA，本身有 5375 个核苷酸，按每三个核苷酸编码一个氨基酸计算，基因组的全部核苷酸都用来编码氨基酸，最多能编码 1792 个氨基酸的蛋白质，如果按照氨基酸的平均分子量 110Da 计算，分子编码的蛋白质总分子量为 19.7 万。若 ΦX174 感染大肠杆菌，共合成 11 个蛋白质，分子总量为 25 万左右，相当于 6078 个核苷酸所容纳的信息量。采用程序启发法就可推理理论与实际情况之间的差异，解决这一复杂问题。

教师可从学生已掌握的遗传密码知识入手进行启发。遗传密码是将 DNA 或 RNA 序列以三个核苷酸为一组，将其密码子转译为蛋白质的氨基酸序列，以用于合成蛋白质。在教学过程中先进行"当 DNA 或 RNA 的阅读方式不同时，会产生什么结果"的启发，学生得出"当 DNA 或 RNA 的阅读方式不同时，编码的蛋白质的数量和大小可能不同"的结论。教师接着进一步启发，提出"以不同方式阅读 DNA 或 RNA 时，同一序列上有没有可能编码两种或两种以上的蛋白质"的问题，学生可能会有"有可能"和"不可能"两种回答，教师请不同回答的学生陈述其理由，教师后讲解正确答案"有可能"，并举例子进行论证。教师最后得出结论，以不同方式阅读 DNA 或 RNA 序列时，同一序列有可能编码两种或两种以上的蛋白质，这也是 ΦX174 噬菌体能编码出超出自身容量蛋白质的原因。通过 ΦX174 噬菌体的启发论证，进而引出重叠基因的概念。在此教学过程中可请一些同学发表自己的看法，谈论自己的观点，从中发现学生对这一知识点的理解和掌握程度，以便进行针对性教学。

（四）讨论启发法

讨论启发法是以问题为中心，采取讨论的形式，师生之间集思广益，相互启发。在课堂中运用讨论启发法可活跃课堂氛围，扩散学生思维，提高教学效果。讨论的问题最好是具有开放性、无标准答案的问题，问题应具有代表性和启发性，让学生的思维越发散越好。

如先有鸡还是先有蛋是一个千古难解的科学之谜，在生命起源时，是先有核酸还是先有蛋白质同样是一个难以解决的科学之谜。在现有的生命现象中，既可以找到现有核酸的例子，又可以找到现有蛋白质的例子。核酶是一种 RNA，可以在既没有 DNA 也没有蛋白质的情况下进行自我剪切，产生自我催化作用。通常情况下，DNA 的复制和 RNA 的转录过程都需要大量的酶，即蛋白质参与，也就是说，没有蛋白质，DNA 不能进行复制。在学习了一定的现代生物学基础知识后，教师可以将这个课题交给学生们，让学生在讨论的过程中回顾已学 DNA 复制、RNA 转录、蛋白质合成、核酶等相关知识，学生之间思维相互碰撞、相互交流，调动学生学习的积极性，启发学生的学习智慧。

三、启发式教学的注意事项

如前文所述的直观性启发法、设疑启发法、程序启发法、讨论启发法及其他启发教学法，都包含"提问"这一环节，但需注意的是，"提问"不是启发式教学的简单内涵，"提问"更不完全等于"启发"，"启发"的效果也不取决于"提问"的次数，而取决于"提问"的质量。因此，教师应善于提问、巧于提问，不能滥于提问，杜绝答案为"是"或"不是"的简单提问。

教师应善用启发式教学，通过启发式教学，要做到让学生发散思维，启发学生智慧。因此，教师自身就要做到思维活跃，思想解放，只有这样的教师才能培养出思维敏捷的学生。

第三节 探究式教学在现代生物学教学中的运用与实践

一、探究式教学的特征与原则

探究式教学是指在教师指导下学生运用探究的方法进行学习、主动获取知识、发展能力并获得亲身体验的实践活动。其目的在于培养学生的创新精神和实践能力，因此知识和能力的获得主要不是依靠教师的灌输和培养，而是在教师的指导下由学生主动探索、主动思考、亲身体验出来的。

（一）探究式教学的特征

1. 问题性

探究式教学重视对学生问题意识的培养，重视学生发现问题、分析问题和解决问题能力的提高。问题性是指探究式教学总是围绕一定的问题开展教学活动。探究活动总是从发现或提出问题开始，并且学生在发现疑问后产生迫切要求建立新概念、解决问题的迫切要求，通过围绕一定的问题开展探究活动，培养学生发现问题和探索问题的意识及能力。产生的问题包括定向式问题或开放式问题，应是学生在教师的指导下进行自主探究。

2. 自主性

自主性是指学生在探究式教学中能够主动寻求和制定学习目标，积极开展学习活动。探究式教学是教师围绕培养学生的创新意识、实践能力及人文素养而开展的教学活动，关键是促进学生的探究式学习。

3. 实践性

探究式教学鼓励学生用眼观察，用脑思考，自己动手实践、调查验证、合作互助、对话交流等，在行动中学习，在过程中体验，在交往中升华。在探究式教学中，让学生真正做到用眼看、用耳听、用手做、用嘴说、用脑想、用心学，坚决克服"学生坐着不动，单纯被动听讲"的现象，充分体现"感中学、学中做、做中悟、悟中知、知中行"的现代教育理念，真正让学生成为学习的主人。通过探究式教学，彻底改变知识本位的课程观，真正转变为实践本位与能力本位的课程观，切实提高学生的实践能力与创新精神。

4. 研究性

研究性是指教师在组织和指导学生开展探究式学习时必须运用一定的科学研究方法，遵循一定的研究程序。由于教学的目标、内容、时间、环境等特殊的条件限制，探究式教学要求师生在教学过程中运用一些基本的科学研究方法，包括观察法、实验法、文献法、调查法、比较法等，引导学生按照提出问题—作出假设—实施研究—得出结论—解释总结的科学研究步骤展开学习，使探究式教学能够真正达到预期的效果与目的。

5. 引导性

引导性是指在探究式教学中教师要选择比较典型的、全面的、符合学生认知特点的情景与材料，进行精心的教学设计，通过教学组织和教学管理活动，引导学生探索新知，促进学生最大限度地发展，因此，这种教育活动具有目的性、方向性和引导性的特点。

6. 过程性

探究式教学是指实现解决问题的过程，过程不单单在于得出一个结论，而是让学生获得一种认知经历，既包括成功和喜悦的经历也包括挫折和失败的经历，在经历中让学生亲身体验、感知学习与认识的过程，获得理智能力的发展和深层次的情感体验，主动建构知识，不断掌握与积累解决问题的方法。

7. 开放性

探究式教学的开放性具有多方面的体现。主要有以下几种。

教学目标的开放性：探究式教学追求的目标不仅仅是让学生理解知识、掌握知识，更重要的是培养学生的问题意识，积累解决问题的方法和路径，提升创新能力和合作精神。

学习内容的开放性：在探究式教学中，教材不是学生唯一的学习材料，自然的、社会的、网络的等一切与课程标准有关的素材都可以成为学生探究学习的内容与材料。

教学过程的开放性：探究式教学不单纯是教师讲学生听，同时学生自己也可以收集信息、处理信息、交流信息，甚至可以自己动手实验、尝试演示、社会调查，还可以自由提问、自主解答、合作交流、沟通讨论、分享收获。

教学结果的开放性：探究式教学的学习结果不具有唯一性，有时可能没有明确的结论。

（二）探究式教学的原则

1. 主体性原则

主体性教学原则，是指要认识到学生在探究活动中具有主动性、独立性和创造性，要以学生为中心设计切实可行的教学探究过程，体现以生为本。当然，主体性教学原则既要发挥教师的主导作用，又要发挥学生的主体作用，不能顾此失彼，因噎废食。

2. 尝试性原则

要培养学生的创新能力就必须在教学过程中让学生尝试创新，要想方设法为学生提供质疑、激疑、解疑的学习探究活动。发现问题、分析问题、形成课题、解决课题是创新活动的基本要素，问题意识是尝试创新的首要条件。

3. 求异性原则

求异性是创新活动的重要标志，它既是探究式教学的出发点，也是探究式教学的归宿。探究活动中，要鼓励学生"敢为天下先"，回答问题时要求尽可能提出与众不同的新思路、新见解、新结论、新表达方式、新操作程序等。

4. 民主性原则

要想培养学生思维发散性、求异性的学习习惯，需要有民主的教学环境和氛围。只有在民主、自由的环境下，教师与学生才能真正实现人格平等，师生之间才能相互尊重、相互合作、共同探究，从而使学生放松心理，敢于进行求异性的、批判性的"见异思迁与标新立异"，发散性的"举一反三与触类旁通"，非逻辑性的"异想天开与好高骛远"。

5. 差异性原则

一个具有创新能力的人，其个性往往具有不顺从、不随俗的一面，其思维正具有创造活动所需要的非逻辑性、求异性、发散性的品质。所以，要尊重和保护学生的个性，接纳与宽容具有不同个性的学生，培养学生的个性。

二、探究式教学的组织实施

探究式教学分为七个步骤：专题设计、文献选择、文献研读、讲稿制作、互动交流、成绩评定、教学反思。

在教师层面，教师应根据现代生物学教学大纲，设计探究式教学的专题，选择相关文献，指导学生完成研读，制作讲稿，组织全班交流并给予指导和评价。

在学生层面，学生应根据兴趣或教师规定确定探究专题，自由组合成学习小组，充分研读专题资料，进行小组讨论，制作讲稿，进行全班演讲和交流。

（一）专题设计

现代生物学的教学内容十分丰富，知识脉络系统深入。教师应根据现代生物学教学大纲的要求，梳理现代生物学教学重点和教学难点，结合现代生物学学科发展中的重大发现、前沿领域的研究方向以及人们关注的热点问题等，确定探究专题。

（二）文献选择

教师应根据所设计的专题，通过文献数据库或搜索引擎检索相关文献资料，可用百度学术搜索和中国知网等网站获取文献。百度学术搜索是一个很有效的寻找和下载文献全文的工具，而中国知网对于查找现代生物学研究论文十分有用。

采取以上检索途径，按照专题下载大量相关文献，建立文献资料库，并根据研究进展随时增补最新文献。每个专题应下载一定量的文献研究、动画视频及其他辅助资料。

在探究式教学实践中，教师可与学生一起探讨及研究。同时，注重学生的学习反馈，并及时做出相应调整。比如，在第一轮教学实践中，可供学生选择的文献偏综述性，学生普遍反映综述性文献信息量大而且难以理解。在第二轮教学实践中，根据第一轮的反馈，教师减少了综述性文献，增加了研究性文献的数量，缓解了学生的阅读压力。另外，教师在培养学生研读文献能力的同时，还应侧重培养学生的科研思路。

（三）文献研读

在文献选定之后，教师公布研讨文献的题目。学生自由组合成小组，每组 5～8 人，根据兴趣，每组负责一篇文献，通过自身研读、教师答疑和小组讨论理解和掌握文献的核心内容，为制作 PPT 讲稿和全班互动交流打下基础。

研读文献是探究式教学过程中一个十分重要的环节。学生通过研读文献，逐渐的克服对文献阅读的畏惧心理，掌握一些文献阅读的技巧。为了帮助学生更好地掌握文献的阅读方法，教师首先对综述性和研究性论文的写作特点、结构框架以及阅读时要关注和思考的问题做简要介绍，对学生进行启发式教育。在学生阅读文献的过程中，教师应花费时间对学生进行指导，与学生悉心交流和讨论。在此过程中，教师学生共同学习，激发出思维的火花，彼此都获益良多。

正如前文所述，在文献研读过程中，学生普遍认为综述性论文信息量大，由于其中包含宽广的背景知识，学生基本未接触过其中的许多内容，理解起来十分吃力。为此，在第二轮探究式教学过程中，教师对综述性论文进行了大幅度删减，增加了研究性论文的比例，并加强学生科学思维的引导，使学生在一个具体问题的研究中，体会作者的研究思路。

（四）讲稿制作

在充分阅读和理解文献的基础上，每个小组内部先进行组内讨论，共同制作 PPT 讲稿，并在全班进行交流。在学生制作 PPT 讲稿之前，教师要对 PPT 制作的格式和内容提出要求。按照正规科研讲座一般格式，对 PPT 背景、字体大小、字体格式、字体颜色、图片和动画的使用等做出具体规定。

在 PPT 制作中，教师应提倡学生做到"背景明亮、字体适中、颜色沉稳、图片美观、层次清晰"，避免"背景晦暗，字体繁小、颜色花哨、图片模糊、层次混乱"，注重学生在 PPT 制作过程中的每一个细节，指出包括标点符号在内的每一个错误，要求学生做到精益求精。在 PPT 内容的组织上，要求学生提炼出文章的核心内容，有次序地展示文章的整体脉络，做到重点突出、条理分明、语言简练。

（五）互动交流

在全班互动交流环节，小组同学轮流上台讲解文献中自己所研读的章节，并在讲解之后回答同学们的提问。其中演讲时间是 90 分钟，讨论 30 分钟。在这一环节，重点培养学生对演讲思路的梳理，教师应要求学生做好充分的准备，除了熟悉文献主要内容之外，还要全面把握文章所涉及的相关背景知识。在自由提问和讨论阶段，鼓励同学们多提问、多发言，在争论中互相启发、互相学习，充分调动大家积极思考和分析问题的热情。

通过以上环节的训练，学生基本掌握了科研报告 PPT 制作的基本方法，锻炼了演讲能力、交流能力和团队协作精神。

（六）成绩评定

为了使学生的学习达到一定的学习效果，教师可建立 10 分制成绩评定方式，包括上传资料（1 分）、PPT 制作（2 分）、演讲（2 分）、答疑或提问（2 分）、作业（3 分）几个部分。

上传资料：上传资料是指每个小组要在规定时间将专业词汇和 PPT 讲稿上传到网络学堂，以方便其他同学预习。

PPT 制作：PPT 制作要求格式规范、内容有条理，且无科学性错误。

演讲：演讲要求语言准确、条理清晰。对演讲人，要求做到回答问题准确合理，对聆听者，要求做到踊跃提问，不提问者将扣去相应成绩。

作业：要求学生在阅读文献之后，根据自己的理解回答以下问题。①文献提出什么假说或问题？作者如何形成假说？作者为什么提出这个问题？②作者解决问题的思路是什么？解决问题的关键环节是什么？采取的技术路线是什么？③文献最大的亮点和贡献是什么？文献还遗留了什么问题？④如何评价文献？文献对你是否有启示？有什么样的启示？

这样布置作业的优点在于能让学生带着问题和好奇心去研读文献，以理性的思维看待研究成果，以批判的思维找到文献的不足之处，思考可能解决的办法，培养学生的创新思维和理性思维。

通过成绩评定，规范了教学过程的各个环节，使学生能够严格要求自己，在学习中得到扎实的训练，并真正学有所获。

（七）教学反思

1. 教学收获

经过现代生物学探究式教学的实践，基本完成以下目标。

①与现代生物学基础教学相配合，设计完成探究式教学专题。

②建立并逐步完善探究式教学文献资料库。该资料库按照专题收集相关经典文献，并保持动态更新。

③建立一整套学生训练计划，包括文献研读、PPT 制作、演讲答疑、完成作业等一系列环节。

④在学生文献阅读能力、自主学习能力、演讲能力、交流能力和团队合作精神等方面进行了卓有成效的培养，拓宽了学生眼界，激发了学生的科学热情，培养了科学思维和情操。

2. 教学问题及反思

在专题设计方面，应对选题进行进一步调整和优化，应联系学科发展动态，还可让学生自主选题，在注重科学性、前沿性的同时增加趣味性。

在文献选择方面，对于学生而言，有些文献的阅读难度较大，而学生并不适合阅读信息量较大的综述性文章，因此应考虑到学生的知识背景，选择难度适宜、短小易懂的研究性论文，并在学习过程中注重对学生科研思维的培养。

在教学组织方面，人数太多会减少学生互动的机会，应以小班为宜。每篇文章篇幅不宜过长，演讲人数不应超过五人。在指导教师方面，辅导学生的工作量较大，可启用助教来缓解这一问题。

在学生参与程度上，每篇文章除负责主讲的学生外，大多数学生没有提前做好阅读，这在一定程度上削弱了教学效果。教师应根据学生实际的课业压力，引导学生合理有效地利用时间，同时利用成绩评定等方式对学生进行严格要求，培养学生养成良好的学习习惯。

探究式教学能在一定程度上提高学生的阅读能力、写作能力、演讲能力、自学能力等多方面能力。教师在探究式教学过程中积累的教学经验和教学素材还可应用到现代生物学基础理论课教学中，使现代生物学教学设计更加丰富。

学生综合能力的提高是一项长期的工程，因此，有必要根据现代生物学人才培养目标，制定一个长期、系统的人才培养方案，使学生在学习过程中能通过学习各种知识，学习科学家们的探索精神，提高综合素质。

第四节　创新创业结合教学在现代生物学中的运用与实践

一、创新创业教育结合现代生物学教学的必要性

（一）促进生物专业的创新创业教育

当前各个学科之间呈现相互交叉、相互协作的发展趋势。现代生物学发展可谓日新月异，知识更新十分迅速。创新创业教育对生物专业学生具有重要作用。生物专业的创新创业教育不能脱离生物专业教育单独存在，因此，创新创业教育应与现代生物学相结合，促进生物专业的创新创业教育发展。

（二）有利于提升生物专业人才培养质量

创新创业教育融入现代生物学教学，能够增强学生学习的主动性，激发学生学习兴趣，进一步提高学生专业水平，有利于培养复合型人才，提高生物专业人才质量。

（三）服务现代生物产业发展的需要

推动现代生物产业发展需要大量人才，尤其是需要创新型人才。因此，生物专业学生不仅要具备丰富的专业知识，还应具备创新意识和创新能力，具有创新型思维，将创新创业教育与专业教育有机结合，服务于现代生物产业。

二、创新创业教育融合现代生物学教学的路径分析

（一）融入人才培养方案

要把创新创业教育工作纳入生物专业的人才培养方案中，将培养方案落实到日常教学活动中。当前创新创业教育发展相对比较薄弱，若没有科学系统的培养方案，开展效果可能会不尽人意。

生物专业可循序渐进，分阶段开设不同的创新创业教育内容。如第一阶段让学生了解现代生物学前沿知识，可开展综合实验课程和实习课程，还可进行学术沙龙和学术报告，调动学生的学习兴趣；第二阶段让学生在教师指导下设计实验，进行专业设计性实验，培养学生的实践能力和创新能力；第三阶段利用创新创业训练项目，进行创新性实验和创新创业实训，提高学生解决问题的能力，启迪学生创新性思维；第四阶段让学生到相关企业的实习基地进行实习，提高学生的实践能力，培养学生的创新创业能力。

（二）整合师资队伍

当前创新创业教师队伍不稳定，教师数量匮乏，教师质量有待提高，一旦开展工作也是仓促上马，影响教学质量。因此，应整合教师队伍，建立一支跨专业、校内外结合的教师队伍。校内创新创业教师可以与管理学、经济学、社会学等学科教师相结合，形成相对稳定的教师团队，校外可引入有丰富经验的工作者和成功创业者当兼职教师。

（三）加强实践平台建设

现代生物学教学是实践性很强的学科，创新创业教育的特点也是重视实践，因此为使学生具备更好的创新意识和创业能力，学校应加强实践平台建设，搭建多维实践平台，为学生创新创业实践提供必要的技术指导和硬件支持，积极开展各种创新创业实践活动，使学生在创业实践中增强创新创业精神，提高创新创业能力，获得创新创业技能。

三、开设现代生物学与创新创业结合的课程

现代生物学教学与创新创业教育相结合是帮助学生有效实现专业领域创新创业的最佳途径，现以"现代生物技术前沿与创新创业"课程为例，简要介绍创新创业结合教学在现代生物学中的具体运用和实践。

（一）课程开设目的

通过"现代生物技术前沿与创新创业"课程的学习，要求学生掌握创新创业教育基本知识，关注现代生物学学科发展动态，了解现代生物学研究成果，要求学生结合专业实际及自身兴趣，明确就业方向，培养创新创业精神，增强创新创业意识，提高创新创业能力，激发创新创业潜能。

（二）课程内容构建原则

根据"一核心，四结合"原则，构建"现代生物技术前沿与创新创业"课程内容。

"一核心"原则：以生物专业教育与创新创业教育内容为教学基础，以培养学生给予生物专业背景的创新创业为核心，以培养学生基于专业背景的创新创业能力为关键。

"四结合"原则：第一，现代生物学及其交叉学科与就业指导相结合；第二，现代生物学学科前沿发展与创新创业意识、创新创业机会相结合；第三，现代生物学新产品、新技术研发案例与创新创业过程、创新创业方法相结合；第四，现代生物学创客空间与创新创业实践环节相结合。

（三）课程教学内容

课程教学内容分为以下六大专题模块。

①基于现代生物学科大类的创新创业基本知识教育模块。

②基于现代生物学及其交叉学科的就业指导专题模块。

③基于现代生物技术前沿的创新意识、创新思维及创业机会专题模块。

④基于现代生物学技术前沿及其研究进展的创新方法与手段专题模块。

⑤基于现代生物学新技术、新产品的创新创业精神与创业过程专题模块。

⑥基于现代生物技术前沿的创新创业实践模块。

（四）课程特色

1. 专业教育与创新创业教育融合

"现代生物技术前沿与创新创业"课程实现了生物专业教育与创新创业教育的有机结合，课堂教学内容在讲授现代生物学知识的同时，融入创新创业知识，二者的教学内容相互关联，实现高度融合。

2. 与时俱进

创新是创业的源泉，是创业的本质，因此创业者在创业实践中应具有持续旺盛的创新意识和创新精神，这就要求创业者必须与时俱进。现代生物技术前沿具有与时俱进的特点，与其融合的创新创业教育也应具有与时俱进的特点。

3. 增强学生创新能力

专业知识和专业技能是学生的必备技能，除此之外，学生只有具备持续旺盛的创新意识，才能在创业过程中不断寻求新思路、新技术，最终获得创业成功。现代生物技术前沿的新技术、新产品的成功案例，能激发学生的创新精神；现代生物技术前沿研究进展，更容易激发学生的创新意识和创新思维；现代生物技术的创新、创业，更容易提高学生在生物领域寻求创新创业的机会，充分实现生物专业知识与创新创业知识的高度融合。

（五）课程教学模式

1. 专题讲授

以就业指导专题为例，一些学生主观地认为自身就业范围很窄，局限于生物相关单位。教师以案例的形式讲授现代生物涉及的众多领域及其交叉学科的领域，以此来指导学生就业，使学生理解和认识到现代生物学知识可以辐射到生物医药技术、生命科学、工业生物技术、生物材料技术等众多领域，这些学生都可以根据爱好进行选择，这些就业领域既拓展了学生的就业范围，又开阔了学生视野，使学生学习到更多方面的知识。

2. 案例分析

通过分析现代生物技术前沿领域及其交叉学科研究成果的案例，讲授结合创新创业教育的前沿知识，以培养学生的创新精神和创新思维，有利于学生从中寻找创新创业机会；通过分析现代生物技术前沿领域的理论和技术突破案例，讲授创新思想和创新技术对创新创业的重要性，增强学生的创新创业意识；通过分析现代生物技术前沿领域研发的新技术和新产品案例，讲授成功人士创新创业的过程，培养学生创新、创业的精神和品质。

3. 创新创业实践

通过"创新创业策划＋创新课题＋创客空间"的教学模式，开展创新创业实践活动，提高学生参与创新创业实践活动的积极性和主动性。创新创业实践可通过以下方式进行。学生可参与创新创业策划，撰写创新创业策划书，并组织相互交流；学生借助本课程平台，参与创新创业课题研究，开展经验交流研讨会；学校建立组织机构和活动场地完善的创客空间，并建立相关平台进行创新创业宣传，开展各种创新创业实践。

第六章 现代生物学教师的专业素质与发展

伴随着社会的发展，教师教育也成了人们所关注的中心话题。作为教育事业中的指路人，教师的专业素质与发展关系着教育事业的发展。作为现代生物学教师，更应该注重专业化的发展，提升自身的专业水平，为学生树立良好的榜样。本章以培育现代生物学教师的专业素质与发展为出发点，实现生物学教师的全面发展。

第一节 教师专业化发展的内涵

一、教师专业化的相关定义

教育活动可以说是一直伴随着人类的发展的，不管是原始社会时期，还是现代，教育都发挥了至关重要的作用。在过去很长的一段时间里，教师并不是一种专门的职业，也不是一种独立的职业，更没有专门的教育机构对教师的发展进行指导。将教师作为专业教育的时间其实并不长。随着教育的不断普及，教育理念的不断更新以及教育实践的不断发展，教师的发展也越来越正规，逐渐形成了专业化的特征。教师专业化是教师发展趋势，更是现代社会的发展要求。

教师专业化的内涵就是符合国家所设定的标准，具有一定的专业知识与良好的道德标准，具备成为教师的专业条件。在成为教师之前，要具备一定的心理素质，并通过专业的技能训练成为一名合格的人民教师，不断提升自身的专业素养，为成为一名教育工作者而不断地努力。

总体而言，教师专业化所追求的是将教师作为一种社会职业，为教师的地位以及相应权利实现最大化的流动，为成为具有专业的知识与技能的教师作铺垫，不断地提升教师的专业水平，这是教师专业化的追求目标，也是追求的方向。这两者之间相互影响，又相互制约。在教师的不断发展的过程中，教师的社会地位不断提升，收获了越来越多的社会认可与尊重。教师社会地位的提升，说明了社会对于教育的尊重，教育的高度发展就是国民素质的高度发展，这是一种良性地循环。

教师的专业化程度越高，所提供的教育水平与教育素养也就越高，教师的社会地位随之也就越来越高。这就对教师教育要求，提出来更高的要求，在接受教育期间，不仅要训练专业的知识与能力，更需要对职业道德规范进行要求，不断提升教师的专业化水平，为教师的专业化更全面地普及贡献出一份力量。

二、教师专业化的发展现状

目前我国的教师专业化程度还很低，尤其是生物学教师的发展。在传统的教育模式中，教师的职业发展属于非专业化或半专业化的历程，在教育科学专业、专业道德、专业发展、专业自主权等方面存在很大的欠缺。在很长一段时间里，人们对教师职业的特性和专业素质，对教师职业的不可替代性还缺乏全面而深刻的认识，存在很多误区。如社会上不少人，包括教育系统内部的一些人也认为生物学教师所教的知识较浅，没有深入的学术性，谈不上专业性。

尽管教师专业化还存在很大的欠缺，但教师专业化的理念已经较为明晰，教师专业化的实践也已起步。可以认为，在我国推行教师专业化有着良好的教育理念与实践基础，主要表现在以下三个方面。

①教师队伍素质水平的提升。

整体教师队伍的素质水平，关系到学生的素质水平的提升，更关系到国家未来的发展。注重提升教师的队伍的素质水平，打造一支优秀的教师队伍，提升教师的学历观念，注重教师的素质建设，鼓励教师在职提升自己的专业水平与内在修养，树立终生学习的相关理念，不断提升教师队伍的水平。

②教师管理的规范化与法治化。

对于教师职业的规范化与法治化，已经上升到国家的管理层次。我国自从在 1993 年颁布了《中华人民共和国教师法》（简称《教师法》）之后，之后就陆续地出台了相关的教师的管理与规范的法律与文件。地方也出台了相关的法规与政策。这些法律、法规、政策、规章制度的出台与实施，也标志着对教师队伍管理的规范化与法治化。将教师的责任义务进行明确的规范，对于教师的发展以及自身权益的保护具有重要意义的。教师队伍的建设，不会因为一些外在的条件或者是因素产生影响的，教师的专业化及其发展具有良好的法律规范制约。

③教师社会地位不断提升。

1985 年，确定了在每年的 9 月 10 日为教师节。《教师法》的颁布实施，规范了教师的主体地位以及教师的福利待遇，提升了教师的社会地位，保障了教师的权利，确定了教师的主体地位。1995 年，党中央正式提出了"科教兴国"战略，为教师的社会地位提升以及教师的专业发展提供了指导思想以及发展方向。

教师是神圣的职业，教师社会地位的不断提升对教师专业化水平的提升也具有推动作用，社会公众对于教师专业化认识也有所提升。在我国想要成为一名合格的教师，是有一定的要求的。不仅需要一定的学历，还需要通过相应地考试，需获得教师资格证书。教师资格证书只是准入门槛，想要成为教师还需要进行相应地考核。正是因为这样的高标准，才会使教师在专业化的发展道路上越走越远。不管是处于哪一阶段的教师，都需要不断地通过在职培训与自身的不断学习，为自己不断地补充知识，更新观念，使自己成为更加优秀的教师。

三、教师专业化的发展趋势

教师专业化的发展进程，也是伴随着教师专业的发展而不断进行的，在此期间，慢慢地获得社会公众的认可与重视，它的发展历程主要经历了非专业化阶段、专门化阶段、专业化阶段三个阶段。

①非专业化的教师发展。

制度化教育形成以前，社会教育还没有普及，教育是少数统治阶级的特权，学生数量少，教师需求量也比较小。在此期间对教师的要求相对比较低。由于教学内容相对简单，教师对于教学内容的掌握也就相对容易，只要进行简单的机械练习，就可以满足教师在课堂上的授课需要。再加上，在这一时期，学校的主办者来源多样，无论是办学条件还是教师的来源，都有所不同，教师的水平也有所差异。此时的教师不过是一种维持生计的手段，对于教育内容、教育方式、教育规律都没有一定的规范。

就当时的整个社会来讲，教育还没形成明确地规范。学校的办学规范与教师的责任、义务都没有成文规定，自然社会公众对于教育的需求，也就是可有可无，很少会有人将教师作为自己的终身职业与追求，更不会有专门的组织机构对教师进行培训，当时对于教师专业化的程度与要求都普遍较低。

②教师专业化的发展阶段。

教师专业化的发展阶段是社会向前发展的一种现象，也是社会发展之下，独立的师范院校出现的结果。更是教师作为一种独立的社会职业出现的结果。

伴随着我国教育事业的不断发展，过去的教育已经不能再满足人们的需求。人们对于教师的要求也就越来越高，教师需要有专业的知识与教育技能，还要有一定的职业道德，如果缺乏一定的教育与培训，就会影响教育的质量，更会制约教师专业化的发展，是时代的发展推动了教师专业化的发展，对于成立专门的教师培训机构的呼声也就越来越高。在这样的发展背景下，1681年法国创立了第一所教师训练的院校，这就是标志着师范教育的开始。在此之后，很多的西方国家开始着手创立属于自己国家的师范类院校。直到18世纪的下半时期，开始出现了师范类的教育法规，使教师的培训向着专门化与规范化的道路迈进。尤其是专门的教师教育机构出现以后，不仅对教师的专业知识进行培训，更是对教师的道德素质以及教育方式进行了相关培训，对教师的成长起到了重要的作用。

③教师职业化的发展阶段。

教育事关国计民生，伴随着社会的发展与教育需求，教师教育也应该成为一项专门学科。人们对于教师职业化的倾向越来越渴望，教育这一项重要的工作，自然就会对教师的要求越来越高。因此对教师的专业培训与教师的职业要求也随之提升。同时也对生物学教师教育的建设与发展提出了更高的要求。

近年来，教师专业发展越来越受到来自社会的关注。不管是西方国家还是东方国家，都陆续地开始进行关于教师专业化的改革。联合国于1996年召开了相关的工作会议，强调教师的专业化发展，为教师的专业化发展，指明了方向与道路。

第二节　现代生物学教师的专业素质

一、生物学教师专业素质的内涵

教师的专业素质，是指在系统的教师教育和教学实践过程中获得并逐渐发展的专业素质。延伸到生物学就是在教育教学活动中表现出来的，决定其教学效果，对学生身心发展具有直接和间接影响的综合的心理品质。其具有专门性、指向性和不可替代性。21世纪被称为"生物世纪"，新世纪的到来对所有的生物学教师提出了更高的要求。为适应新世纪的需要，生物学教师应具备怎样的专业素质，值得人们思考。

（一）专业的教学观念与态度

良好、专业的教学观念与教学态度是教师的重要素养，生物学教师需要有专业的教学态度来体现教师专业的特点。教师职业的特殊性，要求教师做到热爱自身的职业，有包容的胸怀，有良好的教育观念，对于自身职业有更好的理解，始终保持终身学习、不懈奋斗、不断追求的精神，生物学教师也应如此。

（二）与时俱进的教育理念

教育理念是指教师在理解教育工作本质的基础上所形成的关于教育观念和理性信念。反映了教师对于教育活动的目的、原则、价值和方法的基本看法。教育理念直接或间接地决定、指引或调节着教育教学活动。不同的教育理念可以反映出教师的教学层次和水平。教师的教育理念最终通过培养出的人所具有的素质来体现，因此，现代生物学教师必须深刻了解社会的变革，明确未来社会需要什么素质的人才。

现代社会，对人才素质的要求侧重首先是高度的社会责任感，其次是创新意识，再次是继续发展能力、学习能力、对不断变化的世界的即时反应能力、新知识的实时吸收能力以及对知识的创新能力。

生物学教学也应如此，力求教学课程内容的呈现多样性，满足不同层次学生的需求；在教学过程中因材施教，找到适应不同智力水平、性格、兴趣和思维方式的学生的教学方式；公正地评价、对待每一个学生。全程实施面向全体学生全面和终身发展的目标，让每一位学生都能受到专业的教育。

（三）专业的生物学知识

专业知识是构成专业素质的关键，这是作为生物学教师应当具备的最基本的能力。也是帮助学生对生物学知识进行思维构建的前提条件。生物学专业知识大致包括理论知识和实验知识两个方面。

首先，生物学理论知识，其是生物学教学的基石。只有具备深厚的生物学理论知识，才能帮助学生认清专业知识结构，建立知识点之间的联系，为学生的学习创设相应的情境，寻找最合适的捷径。

其次，实验知识包括实验认知和实验技能。实验认知包括实验设计的知识、实验统计与分析的知识以及实验态度与价值观等。由于生物科学是一门实验科学，因而实验技能就显得特别重要。将生物学教师的专业技能具体归类如下。

①生物实验中仪器的调试以及操作技能。

②生物标本的收集、培养以及制作技能。

③动、植物标本的解剖、分解、观察技能。

④生物实验的操作与指导技能。

⑤生物图的绘制技能。

⑥生物学教具的使用与制作技能。

加强生物学专业知识，一方面，理论知识与实验知识密不可分，二者相互促进；另一方面，无论是加强理论知识还是实验知识，都是一个长期的、反复提高的过程，二者缺一不可。

（四）跨学科的综合能力

21 世纪的生物学，在分子生物学、分子遗传学、细胞生物学、脑科学、生态学等多个研究领域取得了深入的进展，同时也与其他自然科学和社会科学的研究领域发生越来越多的交叉，科学发展呈现出高度综合的趋势。知识渊博的生物学教师更易赢得学生的信任和爱戴，教师丰富的文化知识不仅能扩展学生的精神世界，而且能激发学生的求知欲。

事实上，随着现代科学技术、文化出版事业的发展，新兴媒体的发展与普及以及互联网的兴盛，当代青少年通过多种渠道接受了大量的生物科学信息，他们在课堂上会提出大量的问题，因此没有广博的综合文化知识的生物学教师是不能胜任教学工作的。可以说学生的全面发展在很大程度上取决于教师的文化素质。为培养全面发展的人才，生物学教师需要吸收更多学科专业知识之外的其他文理知识，以形成当代教育所需要的科学人文主义观念，提高自身的科学与人文素养。可以说广博的文化知识和其精深的生物学专业知识具有同等重要的地位。

教师的文化知识具体应包括：基本哲学理论知识，包括辩证唯物主义和历史唯物主义的知识；现代科学和技术的一般常识，包括现代学科的一般原理和现代技术的本质内涵；社会科学的理论和观点，如法律的知识、民主的思想、经济学的观点和社会学的方法等。

当然，生物学教师的文化知识修养是有很大差异的，生物学教师不可能掌握所有的文化知识。为此，应主张每一位生物学教师都要发挥自己的一技之长，以获得最佳教学效果。

（五）综合的教学能力

生物学教学是一个复杂的过程。因而，生物学教师的实际教学能力应该是多方面的。美国的教育家通过电脑对教师的教学行为进行微观分析后指出，一名合格的教师应是教学的"临床专家"，应该具有多方面的能力，包括教学能力、实验指导能力、科研能力、革新能力、与学生交往能力、学生升学就业指导能力、组织学生进行社会活动的能力、教科书的处理能力、书面和口头表达能力、示范能力、自我评价和控制能力以及推理、判断和决策能力等。

根据我国目前生物学教师的发展情况，再加上国家对生物学的改革要求，作为一名合格的生物学教师应该具备以下三方面的教学能力。

1.教学备课能力

教学设计与研究备课是教师的基本能力。良好的教学设计与教师的备课能力是一节课成功的基础，根据生物学课程标准与学生的实际情况进行教学设计，既是对课程标准的理解与运用，又是对生物学教材的合理把控，更是对学生理解能力的掌握。所以，生物学教师的备课能力是教师的基础能力。

2.教学实施能力

教学实施能力就是教师在课堂中有条不紊地实施自己的教学计划，并有应对一定突发状况的能力。生物学教学实施能力是一种综合性的能力，教师要根据课堂上的实际情况，对学生的注意力进行控制，以便顺利地开展生物学的教学活动。教学实施能力是一种在课堂实践中不断培养，不断提升的能力。生物学本身比较枯燥，只有提升学生兴趣，注重教学过程中方法的运用，才能更好地完成教学目标。

教学实施能力具体包括内容如下。

①导入技巧：良好的导入是课堂教学成功的一半，能够激发学生的学习兴趣。

②强化技巧：对于学生的表现进行及时的肯定并指导学生进行强化。

③变化刺激的技巧：采用多种方式开展教学活动，对重点内容使用高音调进行强调。

④发问的技巧：对于学生的提问要能激发学生的参与兴趣。

⑤分组活动的技巧：有目的有针对性地进行分组，培养学生的团队协作精神。

⑥教学媒体运用的技巧：不管是对于板书的设计，还是对于教学工具运用，都应该建立在熟练的基础上。

⑦沟通与表达的技巧：不管是在课堂上语言的使用以及教师的相关体态，还是设计教学方案的书面语言，都要达到一定的要求，不可太过随意。

⑧结束的技巧：总结一节课的重点与难点，加深学生的印象。

⑨补救教学的技巧：注重学生的掌握情况，由学生作业的情况来推断学生的掌握情况。

3.教学评价能力

教学评价能力是一项综合的能力。生物学教学评价不管是在教学过程中，还是在收集资料的过程中，实施评价方法对学生的学习效果进行评价，以实现最终的反馈效果。一方面是检验学生的学习成果，另一方面则是检验教师的教学效果，根据反馈的结果对现行的教学工作进行反思与总结，改进教师在教学过程中的不足之处。教学评价能力主要包括教学目标的设计能力、收集资料的能力、反馈矫正能力、评价方法的选择能力等。生物学教学评价就集中在生物学的教学目标的设计、收集资料、反馈矫正、评价方式等方面上。

二、提升生物学教师专业化的途径

（一）提升教师专业化的水平

教师专业化的水平提升，有赖于教师自身的发展，更有赖于社会的发展与进步。生物学教师自身的提升，属于一种内因，有助于生物学教师水平的不断提升。社会的发展属于外因，是一种外部支持。我国对于教师事业的支持与重视，一直都是有增无减。我国一系列法律法规的出台与实施，都在为教师的专业化发展提供着动力与支持。任何一件事情都不是一蹴而就的，关于生物学教师的专业化发展，我们国家还有很长的一段路需要走，不管是提升生物学教师对自身发展的认识，还是提升生物学教师的专业化水平，都需要我们不断地努力。

（二）加强教师专业精神的培养

要加强生物学教师专业精神的培养，促进生物学教师的专业化发展。教师专业精神，是教师专业发展的一种体现，也是教师在日常工作中所遵循的基本原则，对教师的日常行为起着指导性的作用。要不断强化生物学教师专业精神的培养，将教师专业精神的培养与教师的工作联系在一起，将家庭的希望、国家的未来与个人价值的实现联系在一起。

随着电视、网络、报纸等媒体的介入以及知识更新速度的加快，教师原来具有的知识已不能满足学生发展的需要。生物学教师只有树立教师专业化发展的理念，在生物学领域中不断学习专业知识，广泛涉猎相关知识，掌握信息技术，多读书，多创新，做到终身学习，才能真正体现出生物学教师的榜样作用，体现教师言传身教的作用，为国家培养出更多的生物学方面的人才。

（三）实现教师专业的在职培训

加强生物学教师专业的在职培训，对于生物学教师的能力提升具有重要意义。生物学教师在取得教授资格证书之后，也需要不断地提升自己的能力，生物学教师在职培训是生物学教师更新的教育方式，也是完善自己的教育途径的重要方式，可以解决生物学教师在实际的教学过程中的困扰，是培养生物学教师专业化的一种有效方式。

在职教师的培训与学习是一种可行性比较高的教育方式。鼓励生物学教师主动参与，对自己在教学过程的困惑与问题，进行提出与探讨。将教育与培训这两项功能，联系在一起，共同致力于生物学教师专业化的发展与学校的进步。

（四）促进教师的实践研究教育

教师的专业发展体现在教师的行动研究中。生物学教师的实践研究是教师研究的重要特点之一，生物学教师的实践研究与理论研究结合在一起，共同致力于生物学教师的专业发展。生物学教师在实践中，应该认真总结经验，发扬自身优势，对于自己的不足之处进行及时改正，不断提升自身的素质水平，以实践来践行教师的专业发展。实践研究作为教育科研的重要途径，也是生物学教师专业发展的重要方式之一。

第三节　现代生物学教师的专业发展

一、生物学教师的发展内容

从教师专业发展的内容来看，教师的专业发展具有全面性。生物学教师不仅要更新学科专业知识、提高教育教学技能，还要重视专业道德修养和健康身心素质的养成。生物学教师专业发展的全面性还体现在教师的发展，是教师作为普通人的发展与教师作为专业人的发展的有机整合，包括教师一般文化素养的提高，对于学校、家庭和社会所面临的最紧迫问题的研究与探讨，以及教师专业学习与发展的内容整合。下文将结合生物学教师的现状与生物学教育改革的要求，简单阐述教师在专业道德、专业知识和专业能力等方面的发展要求。

（一）道德素质

教师不仅要教授学生知识，还要教会学生做人的准则与道理。教师的言行举止会对学生的成长与发展具有重要影响。因此教师必须重视师德与修养建设，生物学教师也不例外。

在专业道德的发展方面，生物学教师应该形成专业道德自我教育与能力提升意识，以高度的责任感促进教育教学工作质量的提高。应该意识到教育发展的趋势和生物学教育发展的前景，重新认识生物学教育的价值和地位，

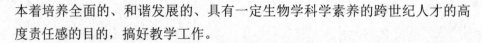

本着培养全面的、和谐发展的、具有一定生物学科学素养的跨世纪人才的高度责任感的目的，搞好教学工作。

（二）专业知识

当今科学正以惊人的速度向前发展，教材中增添了许多新知识，教育科学也在发展新的教学理论和方法，不同时代的学生各具特色，教师在教学中会碰到很多在职前阶段从未接触过的问题。新时代的生物学教师要想适应时代的要求，必须不断地更新知识，在专业上发展自我。

专业性的知识不仅包括对教材以及课程理论的掌握，还包括对教育方式的更新，对教学方式的不断探究，对教育理念的完善是对知识的硬性要求，也是对当代教育观念的尊重。保持良好的心态，不断提升自己的科学素养与人文素养，以批判的精神看待所学的知识，及时剔除知识中的糟粕，发扬优秀的文化，不断地为教师的专业化而努力。

作为一名生物学教师，应该在实践过程中，不断地改进自己的教育方式，完善自己的知识结构，更新自己的教育观念，掌握最新的生物学知识与动态，真正做到与时俱进，促进发展。

（三）专业能力

教师专业能力也是教师专业素质结构中的一个重要组成部分。生物学教师的专业能力是教师专业素质的外在体现，直接决定了生物学教师教育教学工作的实效性，同时，生物学教师专业能力的提高又会进一步增强专业素质。

鉴于生物学教育教学过程的复杂性，对教师专业能力的要求是多方面的。从与专业自主发展关系的角度，我们可以将这些能力归纳为基础性能力和发展性能力两大类。所谓基础性能力是指教师在教育教学实践中必须具备的基本能力，如教学设计能力、教学组织和管理能力、与学生交往能力、教学评价能力等。发展性能力是指对教师的专业自我完善和发展有着重要意义的能力，是作为"专家型"的教师所应该具备的能力，如教育科研能力、终身学习能力等。

无论基础性能力还是发展性能力，都是生物学教师专业能力发展的内容。即使是基础性能力，其要求也随着教育的改革在不断变化，教师仍然有必要继续发展这方面的能力。发展性能力是对教师能力的更高要求，许多教师仍然欠缺。发展性能力要求的提出适应了时代发展和教育改革的要求，对教师的专业持续发展具有重要的意义，因而是现代生物学教师专业能力发展的重要内容。

二、生物学教师的发展阶段

教师专业发展是一个专业心理发展、职能发展和职业周期发展的多维度发展过程，三个维度既相互独立，又相互依赖，专业知识是教师专业发展的核心。从教师的专业知识发展方面，将教师的发展划分为新手教师、熟练教师、胜任型教师、业务精干型、教师和专家型教师五个阶段。生物学教师也会经历这些过程，慢慢地走向成熟。

（一）新手教师

新手教师一般是指从事生物学教育工作在 1 年以上，3 年以内的教师。他们的主要特征体现在以下两方面。

①理性化，即在分析和思考的基础上处理问题。

②处理问题时刻板地依赖原则、规范和计划，缺乏灵活性。在这个阶段，经验积累比学习书本知识更为重要。

（二）高级新手教师

高级新手教师一般是指从事生物学教育工作在 3 年以上，4 年以内的教师。他们的主要特征体现在以下方面。

①实践知识与书本知识逐渐整合，教学方法和策略方面的知识与经验有所提高。

②经验对教学行为的指导作用提高，但不能确定教学事件的重要性，对教学行为还缺乏一定的责任感。

（三）胜任型教师

胜任型教师是指从事生物学工作在 5 年左右，主要的特征体现在以下两方面。

①教学行为有明确的目的性，能区分出教学情境中的重要信息，能有意识地选择要做的事。

②对教学目标的完成有较强的信心，但教学行为还没有达到快捷性、流畅性、灵活性的程度。

（四）业务精干型教师

业务精干型教师是指从事是生物学教学在 5~20 年的教师，大部分是由胜任型教师成长起来的，主要特征体现在以下两方面。

①具有较强的直觉判断能力，能够准确地控制课堂教学活动与预测学生的学习反应。

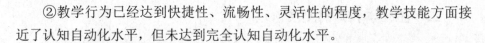

②教学行为已经达到快捷性、流畅性、灵活性的程度，教学技能方面接近了认知自动化水平，但未达到完全认知自动化水平。

（五）专家型教师

专家型教师是指从事生物学教育工作在 20 年以上的教师。只有业务精干型教师中的一部分可以发展成为专家型教师。主要特征体现在以下两个方面。

①对教学情景的观察与判断是准确的，对教学情景中的问题的解决不仅达到了快捷性、流畅性和灵活性，而且已经达到完全自动化水平。

②在一般情况下，他们很少表现出反省思维，当不熟悉的教学事件发生时，他们才进行有意义的思考。

教师发展是一个漫长的、动态的纵贯整个职业生涯的历程，要严格划分出一个阶段并切实准确地概括每一阶段的特征是困难的，而且生物学教师专业发展又是一个动态的过程，在现实中生物学教师很可能会"跳过"其中一个甚至几个阶段。通过对教师发展阶段的了解，作为生物学教师，应对自己的教师生涯做出规划，注意其间的变化与需求，培养出具有综合发展的人才。

三、生物学教师专业持续发展

生物学教师的专业必须持续发展，这不仅是时代发展与教育教学改革的要求，更源于生物学教师自身内在的发展需求。那么，教师如何实现专业持续发展呢？这个问题涉及生物学教师专业发展的动力和途径。

（一）注重动力的驱动

教师专业发展的动力包括内在动力和外部驱动力。构建生物学教师专业发展的动力是保障教师专业持续发展的前提。根据辩证唯物主义内因是事物发展的根本原因的观点，生物学教师专业的持续发展首先必须激发其自身持续发展的内在动机。过去很长一段时间，生物学受到当今教育大环境的影响，似乎成了可有可无的课程。生物学教师作为教学专业人员，看不到自己教育教学工作的意义，没有机会体会工作的成功与快乐。再加上生物课程体系与教材教学内容的严重滞后，学生学习兴趣不高。生物学教师的教学积极性不高，专业水平停步不前，甚至出现衰退。近年来，教育的大变革为生物学教师提供了施展才华的机会。追求专业的发展不再只是外部职业压力下的选择，更是当代生物学教师个人自我完善与潜力发挥的内在需求。生物学教师需要审时度势，对自己进行重新规划和设计，抓住教育改革带来的机遇，自觉地通过不断的专业学习与实践谋求专业的持续发展。

（二）建立健全教育考评机制

生物学教师专业的发展还需要运用外部的驱动力来推动，这就是生物学教师专业发展的教育与考评机制。建立专业发展的教育与考评机制，是从制度层面来推进、保障教师专业的发展。但在我国，这方面的机制显然还不完善。

培训学科骨干和学科带头人的省级、国家级培训工作已经启动，并且发挥了良好的作用。针对普通生物学教师所进行的培训也在各级教育学院展开，然而强制性的教师培训存在着培训内容不完善、培训形式和手段单一教师专业发展评审制度不完善等问题。这些问题的存在使得继续教育流于形式，实践效果不佳，不能适应素质教育改革的需要因此生物学教师专业发展的教育与考评机制从内容形式到体制都亟待完善。特别是教师教育部门在选择培训内容、安排培训程序时，首先要依据生物学教师专业发展阶段的相关指标来确定其所处的专业发展阶段。针对处于不同专业发展阶段，具有不同专业发展需求的生物学教师提供不同的培训内容和方式，设计不同的培训项目，提供不同的专业支持，使生物学教师培训能够更好地指导生物学教师的教育教学实际，促进教师专业发展。只有这样，才能真正使师资培训卓有成效，使处于不同专业发展阶段的生物学教师都能在原有水平基础上提升专业品质。

（三）注重教师的相关培训

生物学教师实现专业发展的途径主要有培训和自主发展两种。培训是参加教育行政部门和学校组织的教师培训，培训者是专家，将具体的、看得见的技能转移给被培训者，培训带有一定的强迫性，规定教师必须参加；自主发展是教师在没有专家指导的情况下通过系统的自学和教学实践研究提升专业技能。自主发展充分发挥了生物学教师的主观能动性，因被视为有效的途径而受到推崇。

定期进行教育研究专题培训。这是结合教学实践，为提高生物学教师教学能力和水平而进行的经常性定期培训，由各地学校和教师进修机构，通过专题报告、讲座、轮训、交流、研讨等方式进行，包括研究教材教法专题、生物教育研究专题、总结交流经验等，把教学实践和学习研讨结合起来，有的放矢地进行培训活动。

加强后继续教育。后继续教育是近年来试行并逐渐规范化、制度化的一种在职培训，是对国家规定学历的生物学教师进行以提高政治思想素质和教育教学能力为首要目标的培训。继续教育的内容主要为职务培训，也包括新教师见习期培训、骨干教师培训和对部分骨干教师提高学历层次的培训。

（四）培养创新型教师

创新型教师是指不拘泥于传统的教学方式，善于利用最新的教学成果，对于生物学的最新动态有很好地理解与把控，善于创新教育方式，将课堂的效果发挥到最大化的教师。生物学教师的创新也会带动学生的创新。创新型教师是提升生物学教师的一种途径，既可以更好地实现教学效果，又可以为教师的专业化发展做准备。对于教师的创新型的培育，应该从以下四方面着手。

第一，树立高尚的职业的理想。任何一位创新型教师都不会满足于自身的现状，他们都具有一定的职业理想。生物学教师也不例外，他们对于自身的工作有很高地积极性与使命感，这种积极性与使命感，就是职业理想的一种表现。创新型教师会利用周围的教育资源来实现教育水平的提升，为创新型教育做铺垫。尊重教育、热爱学生、发掘一切的创造性，做一名创新型教师，从而鼓励学生积极创新。

第二，具有丰富的知识结构。要具有丰富的生物学科知识；应掌握与教育学和心理学有关的条件性知识，特别是学习身心发展的规律和教与学的知识；学习和掌握创造力的原理和方法；掌握相关的现代教学技术和手段；具有科学方法论的素养；有广泛的科技知识、文学知识和文体活动知识。

第三，树立创新型的教育观。作为创新型教师，其教育观的基本内涵如下。转变阻碍学生创造力发展的传统教育观；鼓励创新性学习，发挥学生的主体能动性；尊重学生的个性，鼓励个性发展；建立新型师生关系，鼓励大胆质疑与创新；重视实践活动。

第四，强大的管理艺术。教师对于学生管理可以分为两部分，一是对于整体学生的管理，而是对于个体学生的管理。创新型教师对于学生的管理就是采用一种和谐的方式来实现师生关系，不仅可以提升教师的教学积极性，还可以提升学生的学习的积极性，将学生的潜力发挥出来。

四、注重生物学教师的教学研究

作为生物学教师，需要运用新的教学策略进行课堂教学，可是对新的教学策略效果的判断常常是不可预估的。之所以这样，往往是因为在日常的教学工作中没有竖立教育科学研究意识，没有系统地思考用科学的方法改善教学，进行创新性教育。

生物学教育教学研究不仅有助于教育教学实践的改善，而且对提高教师的理论素养和实践能力有着重要的作用。作为一个生物学专业的教育工作者，对教育教学研究应保持持久的兴趣，用理论指导实践，促使教育教学研究成果与教学效果相得益彰，以适应新的教育改革形势。以生物学教育科学研究的目的和意义的相关理论为先导，对生物学教师深入教育科研领域、教育科学研究的方法、教育科学研究的一般步骤等问题进行讨论与分析。

（一）生物学教育的研究影响

生物学教育科学研究是一种运用科学的理论与方法，有意识、有目的、有计划地对教育教学领域中的现象与问题进行研究的活动，旨在探索和认识教育教学规律，推动教育教学的发展。

教师工作的对象是世上最宝贵，也是最复杂的一种群体，教师的劳动是最需要智慧、热情、探索和创造的劳动，这就要求生物学教师要提升自觉教育科研意识。

对生物学教育教学实践中遇到的许多实际问题所进行的科学研究，可以促使广大工作在第一线的生物学教师结合自己的本职工作学习教育理论，总结教学经验教训，改进教学方法，提高教学技能，促进教育教学质量的提高。生物学教育科学研究在提高教师教育教学质量的同时，其本身作为一种创造性的精神文明活动能丰富生物学教师的精神生活。

对一个生物学教师而言，当其结合生物学教育教学实践开展研究活动以后，就不再仅仅把日常平凡、紧张的教育教学工作当作一种义务和输出，而是看成一种乐趣来教学相长，会分享由于研究的进展或创造性劳动在精神上获得的满足所带来的喜悦；教学、科研相互促进，不仅能提高教学效果、教学质量，在培养学生的同时也提高了教师本身的学识和能力。生物学教师只是单纯地发挥自己的职业精神，忘我地去照亮学生是不够的，而应该通过教育科学研究转为多方面发展型教师，既能做到照亮学生，又能不断从生活中吸取能量，使自身的定位发生一定的转变。可以说，参与教育科学研究是生物学教师成长至关重要的途径之一。

（二）生物学教育的研究内容

生物学教育科学研究的内容从总体而论不外乎是生物学教育教学领域与生物学教育教学有关的现象和问题。但根据研究目的、研究范围、研究方法等的不同，又可分为理论研究与应用研究、宏观研究与微观研究、历史研究与发展研究、定性研究与定量研究。

1. 理论研究与应用研究

理论研究的主要目的是扩展理论领域的知识体系，补充、修改或发展某些存在的原理、定义等。例如关于生物学科的体系、基本理论及科学方法论的研究，关于生物学教育本质、人的全面发展与个性发展的研究，关于生物学教育与民族素质、生物学教育与科学技术的研究，教与学的关系、生物学知识与能力关系、生物学课堂教学与课外活动关系的研究，生物学教育评价的理论研究等。

应用研究的主要目的是解决某个具体的生物学教育教学实际问题。如培养学生自主学习和培养学生学习生物学兴趣的研究，培养学生科学思维与生物学教学的研究，生物学教材和教法改革的研究等。

理论研究和应用研究两者均有研究价值和现实意义。基础理论研究的成果可以用来指导实践，应用研究的成果也能进一步发展理论，它们互相补充、相得益彰。对于生物学教师来说，主要进行的大多是紧密结合教育和教学工作实践的微观领域的应用性研究。

2. 宏观研究与微观研究

宏观研究包括两个方面：一是指把教育作为社会大系统中的一个子系统，依据系统论思想和整体观念，对教育的外部关系进行的研究，如生物学教育与经济、政治、科技、文化、人口等之间的相互关系的研究；二是指对生物学教育内部带有全局性的问题进行的研究，如生物学教育目标、生物学教育结构、生物学教育教学评价、督导等的研究。

微观研究是指对生物学教育教学过程中某一具体问题的研究。如对生物学教材、教法教学模式以及各种生物学教育教学活动的具体目标、内容、途径、特点，生物学教育者与被教育者的生理、心理活动及相互关系等的研究。

宏观研究与微观研究的区分是相对而言的，两者相辅相成。宏观研究制约、指导微观研究，微观研究则是宏观研究的基础。脱离宏观研究的微观研究难以取得重大突破，而脱离微观研究的宏观研究则会难以付诸教育教学实践。宏观研究和微观研究只是研究范围的大小不同而已，并不存在研究层次、研究价值的高低之分。

3. 历史研究与发展研究

历史研究是指通过对生物学教育历史的回顾、总结和反思，为当今教育提供借鉴。如生物学教育思想发展的历史轨迹，生物学教育理论发展的历史进程，生物学教育方法的历史沿革等的研究。

发展研究根据研究对象和任务不同又可分为横向研究和纵向研究。如同时对经过均等处理的两个班级进行两种生物学教材或教法的教学效果对比研究属于横向研究。发展研究的特点是范围大、周期长，比其他研究要花费更多的人力、物力和财力，但研究成果往往具有较大的学术价值和应用价值。

历史研究和发展研究是根据研究内容的时间顺序划分的，也就是说，两者缺一不可。历史研究是通过历史的反思继承来为今天的教育服务；发展研究则是从今天的教育实际出发，研究未来教育的发展。在具体的研究中，每个生物学教师可根据自己的实践需要和特长，以某一方面为重点开展研究活动。

4. 定性研究与定量研究

定性研究是用文字来描述现象，本质上是一个归纳性的过程，即从一般的特殊情境中归纳出一般性结论，从一般的原理推广到特殊的情境中去。定性研究从属于自然主义范例，研究应在自然情景中进行，研究所获得的意义也只适应于特定的情境和条件。定性研究者强调整体作用，认为事实和价值无法分离。如经验总结法、观察法属于定性研究。这两种研究方法在生物学的教学过程中比较常见。

定量研究是用数字和量度来描述现象，它根源于实证主义，主要是通过数据的展现说明统计结果。定量研究者对结果和产品予以极大的重视，研究者的最大特色是将事实和价值分离。定量研究从开始便倾向于以理论为基础。事实上，当进行一项理论检验研究工作时，它很可能是定量的研究。如教育实验法、教育调查法属于定量研究。

在生物学教育教学实践中，定性、定量研究经常是混杂的、相辅相成的。在许多生物学教师研究的课题中，既有实验法、调查法的具体数据所作的统计结果，又有教学实践的经验总结、分析，是典型的定性、定量相结合的研究。

第七章 现代生物学人才培养实践

培养现代生物学人才已成为新世纪高等教育界的共同价值追求。生物技术专业人才培养的本质是实现高素质应用生物学人才的培养，在人才培养的实践探索中，制定科学合理的人才培养方案是前提条件，教学改革是提高教学质量的有效途径，改革教师教学观念是教学改革的关键。本章围绕现在生物学人才培养这一中心，从校、师、生等角度出发，分析现状、探索多型生物学人才培养实践可行性。

第一节 生物学专业"产学研"结合现状

一、生物学专业"产学研"概述

（一）"产学研"结合的"学"

生物学是一门实验性很强的课程，学生对生命规律的认知与掌握、对生命现象的探索都与实验活动有着紧密联系。

近几年，随着我国生物学的迅速崛起，生物学与生产实践的关系越发密切，它最大限度地推动了我国生产力的发展。由此可见，生物学的发展前景是美好的，而"产学研"策略则是势在必行的。要想更好地实现"产学研"，首先我们要认识一下"产学研"结合的"学"，"学"包括知识的获取与学习能力的培养，掌握扎实的专业理论是学生的基本要求。只有掌握了最基本的专业理论知识，才能具有创新的能力。然而随着社会的不断发展，知识的概念也随之发生了一定的变化。启蒙时期的知识主要是为了"启迪思想、增长智慧"，工业时代则是"应用知识"，直到知识时代，知识进入了一个全新的实践领域，即知识被应用于生产力，需要利用知识来实现如何把现有知识最大限度地转化为生产力。

（二）"产学研"结合的"产"

"产学研"结合的"产"，主要由生产与实践组成。它的作用主要是培养学生的操作实验能力，做到理论与实际相互结合，通过具体生产和实际操作，达到实现实验室和实训基地，产学相融的教学目的。不仅要扩大实验室的建设规模，保证学生可以得到最基本的实验技能的训练，还要拓宽实训渠道，学生仅仅利用学校实验室来进行训练学习是远远不够的，毕竟实验室与企业中的工作还是不一样的，因此，要到企业中从事实际实验及训练，把学到的知识，和在企业实践的经验相互结合。各大院校应多与企业相互合作，积极创办实习实训基地，定期让学生亲身到工厂去参观和学习。这样能让学生更好地进行专业的学习，产业也可以得到学生的专业技能。

（三）"产学研"结合的"研"

这里的"研"主要是指科研，科研工作对学校和专业的发展起着至关重要的作用，是学院和专业发展的基本条件。对于那些实力有限，欠缺创新意识和技术实力相对薄弱的企业，可以与学校和科研院进行有效结合，对其问题进行及时分析和解决。多开发一些与企业利益相关的，能为企业创造价值的项目，同时也为学生毕业就业问题提供了保障。

二、生物学专业"产学研"结合的重要性

（一）有利于高等院校加快生物专业创新型人才培养

人才培养是高等院校的根本任务，培养创新型人才是办学水平的重要标志，也是科学研究可持续发展的重要基础。在高等院校人才的培养尤其是在生物学专业的人才培养上，课堂教学只是种最基本的方式，实践能力、行业意识的培养更需要、也只能通过现场实践来进行。现代社会的发展对复合型人才的需求，对生物学专业人员的管理素质、经济意识提出了更高的要求，深化教学改革，全面推进素质教育正是这种要求在教育上的客观体现，这就迫切需要高等院校通过加强实践环节，培养高素质人才。

从高等院校学生培养来看，"产学研"三者有机结合增加了学生理论与实践相结合的机会，有利于提高学生的思想认识水平，为培养其创新精神和实践能力提供了良好的社会氛围。由于学生实践知识少，思想认识不成熟，通过"产学研"相结合的形式，可以使他们到生产、科研第一线直接参加科研和社会实践活动，既能达到理论与实践相结合的目的，又能使他们亲眼看到改革开放以来我国所取得的巨大成就，可以更多地了解国情，了解人民群众的生活。

在"产学研"结合中，学生通过参加社会生产劳动，实现了脑力劳动和体力劳动相结合，这是培养青年学生健康成长的最佳途径，也为学生开展科

研活动提供了广阔的前景。在联合体内，学生既是科研、生产的坚强后备力量，又是参加实践的生力军。他们在联合体内通过承担一定的科研工作量，完成实习基地的生产任务，培养了学生独立观察、分析和解决问题的能力，培养学生实事求是的科学态度，有利于学生学习知识、掌握技术、增长才干。

创新人才的培养应采用创新型教与创新型学相结合的方式。所谓创新型教是指为了提高教学效果、培养学生的创新能力，采用教学要素包括教学内容教学方式教学手段等的新组合，鼓励学生创造，以增进创造才能的发挥。创新型学则是鼓励学生在学习过程中进行创新，包括学习内容学习方式、学习手段、学习途径、知识的应用等方面的创新。创造性学习方式一方面有助于学生在规定的时间内完成学习任务，另一方面也有助于学生在完成学习任务的同时，创造性地发挥自己其他方面的能力，为以后的可持续发展奠定良好的基础。创新型教与创新型学相结合可以充分发挥教学双方的积极性，从而有效地保证创新型人才的培养质量。在教学过程中启发学生大力推进高新技术的开发研究和成果推广，促进高新技术及其产业的发展。

（二）有利于提高高等院校科技创新能力

知识创新和技术创新主要来源于科学研究，科学研究和科技开发是产生新知识的源泉，高等院校要加强知识和技术创新，科研是根本。而各类科学研究在知识、技术创新方面的作用有所不同。为此，各大院校应作出合理部署。一方面，基础研究是高新科技的先导和源泉，只能加强而不能削弱。要重视科学的前沿工作，强调创新和领先。另一方面，科学研究要与经济建设和社会发展紧密结合，解决经济建设主战场中的实践问题，强调实用和效益。在"产学研"结合中，高等院校通过合理配置基础研究、应用研究、开发研究三者的力量，形成基础研究定向化、应用研究基础化、开发研究产业化的科学布局。

知识创新是技术创新的基础，是新技术、新发明的源泉。知识创新的核心则在于科学技术的创新，即将知识用于经济的过程。经济增长只有不断注入创新的知识和技术，才能实现有效的增长。科学技术创新的持续发展，是一个国家经济高速度、高质量、高效益增长的前提，技术创新的主要功能是学习、革新、创造和传播新技术。技术创新的主体除企业外，也包括各大院校、科研院所和政府部门等。建立创新体系，必须以人才为后盾。高等院校要争当知识和技术创新的发动机，就要改革现行的人才培养模式和科学研究体制，深化教学内容改革，加强学科建设，转变教育思想，营造宽松的创新环境，注重人才素质的提高和创新能力的培养。科研工作要以提高创新能力和建立创新机制为根本导向，坚持科学研究和人才培养相结合、多学科相结合、"产学研"相结合。此外，还要积极主动地参与创新工程，加强研究开发，通过工程研究中心、技术开发中心等形式促进科研、开发以及生产上、中、下游的良性循环。在大力推进"产学研"结合、促进科技成果转化的过程中，以学科为依托，推进传统产业的技术改造和高新技术的发展，使各大院校参与知识和技术创新的成果真正落到实处。

在知识和技术创新的同时，还应特别强调体制创新问题。我国目前高新技术成果转化率远远低于发达国家，其主要原因是体制问题没有得到很好解决。高等院校、科研院所和企业彼此条块分割，各主体在人、财、物上相互争夺，阻碍了知识创新、加工、传播与应用的有机整合。因此，必须更新观念，用新的思路改革旧的低效率的体制，冲破部门利益上狭隘眼光的束缚，强化"产学研"结合，推动体制创新的深入。

创新是民族进步的灵魂，是国家兴旺发达的动力，但创新本身并不等于经济发展，关键问题在于怎样将创新成果落实到生产领域，并迅速地转化为现实生产力。要在转化上狠下功夫，要采取行之有效的措施推动"产学研"的结合。长期以来，我们的技术创新成功率低，宝贵的科技资源白白流失，在知识创新资源和科技投入上存在大量浪费。科技成果转化为生产力方面存在的不足，"产学研"没有很好地结合是造成我国高科技产业与发达国家高科技产业有较大差距的根本原因。为此，必须强化"产学研"结合，在知识和技术创新的基础上，推动产业化。

（三）有利于促进高等院校科技成果转化

发展科技和经济必须要创新，而创新必须实现产业化，即"转化"。"产学研"结合是当今世界各国科技和经济结合的一条成功的经验，高等院校和产业界相结合的模式被公认为科技成果转化为生产力的最佳方式。"产学研"结合核心是推动科技成果向现实生产力转化。各大院校作为人才培养基地可以输送人才、哺育知识型企业、促进科技发展，而企业的高新技术又输送回到学校，可以提高教学和科研水平，促进知识创新；企业的资金投资于各大院校，高等院校又以智力投资于企业，这样双方得以实现资源的优化配置，结成产权和利益的共同体，形成互动的良性循环。"产学研"结合，不仅把成果推向市场，也能加快技术创新的进程，促进科技人才的市场化。

我国高等院校凝聚了大量高层次人才，在人才、技术、信息等方面有较大优势，是我国科技事业发展的重要力量，其在探索性较强的基础科学和前沿高技术研究方面往往具有独特的优势。目前我国高等院校科研实力不断增强，科技成果不断增多，在基础研究和高新技术研究推动了科技成果转化和高技术产业化，为国民经济建设和社会发展服务等方面都取得了显著成绩，并作出了突出贡献。

高新技术产业已成为当今国际竞争的焦点和发展知识经济的战略制高点。而高等院校的校办产业绝大多数是以知识和高科技为载体、科技含量高知识密集型的高新技术企业，它们以其高新技术的特殊优势和源源不断的创新活力，成为高科技领域业绩显赫的新军。

21世纪的高等院校必须进入经济社会，其途径就是将自己的技术创新成果转化为生产力，"产学研"合作是促进成果转化的"孵化器"，这是多年来被实践证明了的一个不可争辩的事实。在"产学研"结合中，将科技成果产业化，必须遵循市场规律和科技发展规律，要以"研""产"的"活力"为基础，以高等院校和企业的共同利益为基础，以现代企业制度为支撑。

通过改组、改制，加快高等院校科技产业化步伐，站在更高的起点上建造高等院校科技产业的"航空母舰"和中国的硅谷。

（四）有利于理论学习与社会实践的结合

"产学研"合作是一项多方联动且实践性很强的合作活动，能使理论学习与社会实践紧密结合起来，为人才培养搭建了社会实践和知识应用的平台，满足知识创新与人的发展规律的要求，这正是"产学研"合作提升人才培养质量的社会需要。从实践与认识的关系原理、教育与生产劳动相结合的经典论述与实践育人的视角出发，全面认识"产学研"合作对人才培养的积极作用，有利于深化人们对"产学研"合作育人价值的理解与认识。

"产学研"合作是培养学生实践能力的重要途径，有利于弥补高等院校仅靠理论教学和校内教育资源培养人才的不足。"产学研"合作有利于理论学习与实践学习的结合，使学生进入生产现场，感知、体验生产过程，提升实践能力，并使培养的人才"适销对路"，满足用人单位的需求。

三、生物学专业"产学研"结合现状

（一）现阶段高等院校生物教学的弊端

1. 教学培养模式

随着经济的发展，各大高等院校为了提高知名度、就业率、教育经费等，不断扩大学校面积，增加学生数量，但在教育经费投入方面是大打折扣，也忽略了师资体系的构建，师资紧缺，这使得教师没有多余的精力对学生做到面面俱到。实验器材的欠缺，导致学生没有良好的实验环境。高等院校生物专业人才的供需难以达到平衡。培养模式单一，高等学校在培养生物学人才时只重视理论教育，导致学生只会埋头读书，忽视了实践教学，导致学生不会将学到的理论知识运用到实际操作中去。最终，学生没有独立工作的能力，没有自主学习的能力，也没有创新能力与意识。

①在课程分配上，教师口述的内容多于学生的实际操作，缺少实验课程的安排，致使学生不会做实验，或是在进行实验的过程中，只按照教材上的步骤和教师讲解的流程进行实验，致使学生没有时间进行深入探究进行总结分析，这不利于学生动手能力、思维能力的培养。

②在理论知识教学上，由一些没有实践经验的教师为学生进行授课，或是安排兼职教师进行实验教学，致使其对教学质量大打折扣。

2. 教育功能

高等院校的目的是培养对社会有用的人才，将各专业人才输送到社会中去。传统的教学模式是教育功能局限性的产物，教师对学生进行生搬硬套的灌输，从而忽视了对学生自主学习的意识及能力的培养，致使学生的思维模式、创新意识得不到全面发展和扩充。如目前的生物实验教学，大部分都是教师先讲解，然后指导学生一步一步实践。这些都是按照教材里编排的内容进行的，在从头到尾的实验过程中，学生都是处于一个被动接受的状态，没有发挥主动性的余地，学生思维能力与创造能力的培养也得不到提高，对"产学研"来说，最重要的任务就是培养学生的动手能力与探究能力。

再者，生物实验教学中时常出现这样一个情况，学生按照教师或教科书上的步骤方法进行实验，结果却是截然不同的，在这时学生没有主动进行思考或与教师沟通，而是直接认为自己是错的，然后对实验结果进行各种修改，最后得出与教师或教科书中一样的结果。社会需要的是创新能力与社会实践力于一身，且综合素质过硬的人才，而不是单一的侧重于任何一方的人才。

3. "产学研"结合现状

高等院校科研、教学和实际生产的结合形成了"产学研"。因此高等院校科研、教学和实际生产二者是相互发展、相互促进的。部分学校企业在经营生产和规模上都存在诸多缺陷，以至于教学结合效果不显著。目前除了部分历史悠久或规模较大院校外，"产学研"结合并没有达到预期的效果，也没有得到广泛推广与发展，预期目的生物产业依附于高等院校的情况比较少见。

4. 教学内容

目前，高等院校生物实验教学内容滞后的表现有以下几方面。

①不符合当今社会发展需要，且过于单一的生物试验方法，传统的生物实验教学模式已经不能适应当代社会对创新性、复合型人才的要求了。

②多年前的教学内容一直延续至今，一些新的研究成果没有被学校及时

公布，使专业化知识得不到及时的更新，跟不上现代科技的脚步，过于陈旧的实验教学内容对企业和国家的发展造成了阻碍。

③教师大多依据学生上交的实验报告进行成绩的评定，在一个学期的实验课程全部结束后，教师会将学生实验的成绩累加，然后得出平均分数，得出的分数代表着学生的学习成果。这种过于单一的课程考核方式存在极大的漏洞。实验报告根本无法体现学生的操作水平、思维能力以及创新能力。在实验报告中的实验目的、实验原理、实验过程等都是已知的，很多学生报告中的实验数据与结论根据实验结论得出，不具参考性。

5. 技能训练

在实验教学中，教师往往采用理论教学的方式进行实验教学，教师会占用三分之一左右的时间讲解实验原理与实验步骤，然后按照实验方法与步骤演示实验。在生物实验课程教学中，实验台上摆放了必要的实验器材与实验药品，但学生对实验器材的选择与药品的配置却一无所知。在这种实验教学模式中，学生对实验材料的采集、实验过程的设计、实验准备过程基本不了解，对实验方法与原理的正确性也缺少必要的思考，这样的教学模式会大大制约学生技能的提高，学生的思维方式与分析能力的局限性会制约其发展。

（二）现阶段高等院校生物"产学研"结合现状问题

1. 现存问题

企业以市场需求为导向，对科研成果有强烈的需求却不知从何引入，而高等院校定位前沿科学研究的成果则无法满足市场需求。现如今，科技成果的低转化率已成为制约我国科技发展的重要因素，众多科研成果在形成之后就被束之高阁，造成这一局面的原因是长期且多方面的。

"产学研"合作教育就是充分利用学校与企业、科研单位等多种不同教学环境和教学资源以及在人才培养方面的各自优势，把以课堂传授知识为主的学校教育与直接获取实际经验、实践能力为主的生产、科研实践有机结合的教育模式。

虽然学术界与企业界是两个完全独立的系统，但高等院校是科研成果的主要提供者，企业是科研成果的接收者，两者本应是建立在供需上的合作关系。

2. 合作方式

"产学研"合作方式是企业、高等院校（科研院所）双方为实现特定目的的具体的行动方案，是将二者联系起来的对接方式，任何一种方式的形成，实际上都是一种博弈的结果，是合作双方在责任、权利、利益、风险等方面所达到的一个平衡。现行的合作方式存在各方面的现实问题，如重心偏向经营，远离教学与科研，观念、认识、权益、沟通、经费上的分歧，投资需求大，市场风险高。找到最适合自身的合作方式才能真正地推动高新技术和生产经济的快速发展。

（1）高等院校文化

高等院校的学术文化是推动科学与技术进步及高等院校发展的深层动力，它主要以自由探索真理为内涵的文化，在科技成果生产方面，研究的周期比较长，成功率较低，而企业需要考虑到利益因素，因此在时间上需求较为紧迫。

（2）企业文化

企业文化是以追求利润为内涵的文化，对于企业来说时间就是金钱。成本越低利润越高是企业所需要的。风险需要降到最低，因此有风险就需要投资。

这两种文化观念的冲突，导致高等院校"产学研"合作发展的滞后。

3. 共赢发展

搞好"产学"结合，重要的是调动企业的积极性，让企业主动的为人才培养作贡献，而其中的关键是互利互惠。"产学研"的合作从根本上是为了解决学校教育与社会需求脱节的问题，缩小学校和社会对人才培养与需求之间的差距。同时企业以高等院校的人才、科研成果输出作为企业发展的动力，提高企业的核心竞争力，从而实现"产学研"的深层合作与共赢发展。

4. 关于分配

涉及到合作问题就会有利益冲突，其分配的不合理也制约了高等院校"产学研"合作的发展。"产学研"是一种以经济结合为前提条件的行为，学校负责给予专业领域的知识，而企业要给予学校提供实践机会。其合作必须有相应的政策法规来调节、规范和推动，必须制定合理的利益分配机制来鼓励高等院校和企业间进行"产学研"合作。

（三）高等院校"产学研"合作主要模式

1. 技术攻关合作模式

企业的研究开发，需要新的原理、理论和创新的技术成果。利用学校专业领域知识的这一优势资源，对企业遇到的技术难题进行解决，就是技术攻关合作。鉴于此，企业与高等院校积极进行沟通与交流。高等院校学生可以了解到最近的科技信息、科研成果。在"产学研"联合过程中，企业可以更好地利用学校的优势资源，如高等院校、图书资料、科研院所具备丰富的科技情报和先进的实验设施及大量的经过技术鉴定的科研成果。

在企业实际运行当中，通过将高等院校高科技人才吸引到企业中，与企业科研人员合作，进行技术攻关、新产品开发，大大提高企业的技术创新的能力。

2. 技术转让合作模式

企业在生产和实践应用中应用高等院校学生研制的科技成果，在共同进行科研技术开发过程中，高等院校通过分析企业生产技术中所遇到的难题和技术需求，更正下一步的科研方向，以最快速度实现科研成果的转化。在合作开发的过程中，实现"产学研"联合，并充分运用社会科技力量为企业的科研开发工作服务，为企业提供科技创新动力及支撑。

3. 联合建立研究开发机构合作模式

高等院校和企业分别在其内部建立自己或对方的研究机构，并进驻该机构，进行联合技术开发和技术攻关。将高等院校的专业技术逐渐转变为企业市场的优势，进而使企业的创新能力不断提高，为企业的良好社会经济效益发展带来实际利益。

4. 全面合作模式

高等院校与政府或行业各部门之间加强交流，进行和谐的合作。为不断加大合作的广度与深度，可以设立合作基金，合作内容涉及人才培养、成果转化、参与企业技术改造等，使合作向长期稳定方向发展。

5 建立高技术企业合作模式

高等院校用自己的资金建立高技术企业这一举措，实现了学生在校所学与企业实践的有机结合，使学校和企业的设备、技术实现优势互补，节约了教育与企业成本，为学生提供了良好的实践平台，形成了"共利"局面，为企业配备专职人员实现"产学研"一条龙服务。

第二节 应用技能型生物学人才培养

一、应用技能型生物学人才培养的重要性

以应用型技能大学为转型目标，培养产业转型升级和公共服务发展需要的高层次应用技能型人才，是经济发展方式转变、学校教育模式革新、产业结构转型升级的迫切要求，是解决新增劳动力、舒缓就业结构性矛盾的紧迫要求，也是贯彻落实国务院关于加快发展现代教育部署，加快教育综合改革，建设现代教育体系的重大举措。有利于破解我国应用技能型生物学人才发展同质化、重数量轻质量、重规模轻特色等一系列难题。

就我国目前应用技能生物人才现状来看，其主要存在两个问题：①濒临就业难问题；②企业中对于生产服务一线的应用技术型人才的缺失，是由应用技能型生物学人才与社会需求脱节引起的。社会经济发展需要一批应用技能型人才。同时现在部分学校为了追求名利，不断扩大学校规模，增加招收的学生名额，只注重教授书本中的知识，导致大学生与现实之间存在巨大差异。

在竞争不断加剧的背景下，社会发展需求更多的是应用技能型人才。而自身的人才培养方案正在与社会经济发展需求逐渐脱节，且产生很大的差距，许多学校意识到向应用技能型教育转型是高等教育发展到一定阶段的必然出路，通过转型能够推动学校科学定位，从而更全面、更深入结合到区域发展、产业升级、城镇建设和社会管理中。①制定学生参加实习实训方案，让学生能够将所学到的理论知识更好地应用到实践中；②开设实用性课程，以便学生进入社会后能够更好地发挥所学；③添设实践教学环节，使学生在实践中学到更多知识等。但是，在实践过程中这些改革方案的效果并不是很明显，主要还是因为方案受传统教育方式和教育理念的影响，造成了实施效果上的局限性。因此，应用技能型生物学人才培养模式的进一步改革势在必行。

二、应用技能型生物学人才培养现状

（一）专业设置现状

1. 专业划分过细

专业划分过细导致学生的知识面过于狭窄，思维方式单一，思考问题不全面，在步入社会之后，不能很快适应工作环境，缺乏创新能力，不能适应各项建设工作和继续深造的需要，这种状况必须加以改变。拓宽专业面，增强适应性，是当前专业调整改革的关键所在。

2. 专业设置固化，缺乏特色

近年来，许多独立学校都在进行扩建扩招，在缺乏充分市场调查的基础上，盲目增设新专业，有些新专业对于市场需求来说甚至是可有可无的，而部分已经开设了的专业则早已不适应社会经济发展需求。再加上独立学校过于依附母体高等院校，照搬其他高等院校的专业设置，或生搬硬套母体高等院校的专业设置，导致自身专业特色不突出。这就导致不少专业的学生存在就业难、难就业的现象。

（二）课程体系现状

科学课程体系能反映实践性的教学思想，同时能体现相对集中的专业理念的开放性动态体系结构。因此是应用技术型人才的培养模式与机制构建的基本硬件。高等院校在这方面的意识相对薄弱，目前大部分高等院校在实际中都没有形成培养生应用技术能力的课程体系，有的也是不符合学校或学生实际情况和自身特点的。

（三）培养方案体系现状

1. 方案体系不完善

大多高等院校关于人才培养方案都是依据现有的方案，大多数一成不变，这在一定意义上已经限制了人才的培养，导致高等院校自身特点和结构优化的科学性人才培养体系不能得到完善，从而具有实际意义。

2. 执行能力的缺失

很多高等院校虽然已经制定了人才培养计划，但缺乏执行力度。没有及时有效的监督和检查人才培养方案的落实，缺乏对其实施实际情况的必要制度保障和管理，这就出现了资源、时间浪费的情况。也有一些高等院校没有充分了解市场的需求，没有了解市场上对应用技术型人才的需要，没能从正确意义上认识和处理理论与实践、培养目标与课程设置、基础课程与专业课程之间的关系。

3. 专业课程单一化

高等院校普遍存在专业课程设置单一化现象，缺少适合应用技术型人才培养的创新型课程，学生毕业之后不能尽快适应且投入到企业的工作当中，无法更好地将学校的知识运动到实际生产上，进而造成资源浪费。

第三节　创新型生物学人才培养

一、创新型生物学人才培养的先决条件

（一）革新教学方法

提高教学质量的有效途径是改革教学方法，这就要求教师在教学内容的改革中坚持基础性、特色性和前沿性。

首先，应使学生具备扎实的专业知识，将基础知识和基本理论作为教学重点进行教学革新。

其次，根据学生的不同需求，使教学内容丰富充实起来，体现层次性，从而适应创新人才培养的要求。

最后，将最新学术进展和动态融入教学内容之中，随时关注学科发展的前沿，充分利用网络资源。

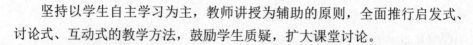

坚持以学生自主学习为主，教师讲授为辅助的原则，全面推行启发式、讨论式、互动式的教学方法，鼓励学生质疑，扩大课堂讨论。

（二）强化实验实践教学

实验技能是创新人才培养的垫脚石，没有坚实的实验实践教学作为基础，造就创新人才就是天方夜谭。巩固创新人才，培养特色生物学是一门实验性非常强的学科，因此，学院通过各种实验教学、野外实习和相关企事业单位的实践为学生提供多种实验实践机会来培养学生的实践能力和创新素养。

1. 研究型实验教学

创新人才培养需要结合实验教学来进行。高职院校在实验教学过程中，应坚持以培养学生创新能力为核心，增加综合性、设计性和创新性实验的比例，构建研究型的实验教学体系。这主要包括以下几个方面的措施。

①把科研氛围与课堂实验教学合理结合在一起，努力将实验内容、实验技术与科学研究发展前沿及开发应用密切结合。

②科研项目与实验教学捆绑式结合，由学生自主选题、设计实验方案，进行项目或课题研究。经过多形式、多层次的系统训练。实践能力强、科研基础扎实已经成为学院生物学专业学生的鲜明特色。

2. 野外实习条件的创建

（1）野外实习的益处

野外实习可以增加学生学习兴趣，还可以通过反复实践巩固课堂所学知识。在实践的过程中，加深学生对所学知识的理解和掌握。这对于培养学生动手能力和创新能力具有不可替代的作用。学院应每年安排部分专业教师全程指导野外实习，带领学生深入山地、森林、海滨等地采集标本，现场讲解相关章节的知识。

（2）实习条件的创建

创造野外实习条件是需要一定经费的，因此，高职院校可以与相关企业进行合作，或得到国家一些有利政策和津贴补给。高等院校可以积极组织学生参加各大院校与企业的联谊，共同去野外实习基地，参与项目、开阔视野。

3. 扩大校外实践基地

时代和事物是不断更新的，作为生物学专业的创新人才，要了解现代生物技术和生物产业的发展状况。因此，高等院校应积极给予高等院校学生提供便利条件，充分利用自己的实力和影响力，坚持走"产学研"相结合的道路，与企业市场相互结合，按照校企共赢的理念，多形式、多途径的与相关企、事业单位共建校外实践教学基地。

（三）完善教学评价体系

1. 网上评教

学院教学办公室及时汇总学生网上评教结果反馈给院领导，授课教师可以通过评教系统及时了解学生的评价和看法，以此实现对教学质量的有效监控。

2. 任课教师会

学校应每学期召开任课教师会议，将院领导听课督导组听课的建议与意见及时总结并反馈给授课教师。

3. 设立奖励机制

学院应多加设立奖励机制，对有职业道德、教学效果好、受学生好评的教师给予物质和精神层面的奖励。质量监控体系学院坚持院领导、教学督导组听课和学生评教制度。

（四）加强教师队伍建设

加强师资队伍建设，积极推进学生的主动实践能力。教师在学生自主实践过程中应起到主导以及穿针引线的作用，教师不仅要在专业技术方面对学生予以指导，还应对学生实践过程中提出的疑惑及时解答，并与学生共同探究和交流，促进学生发散思维、批判思维和创新思维的全面发展，逐步形成问题的多维解决方案和策略，增强学生主动实践的能力。实践指导教师不仅要具备良好的理论素养，还应具有丰富的实践经历和过硬的实践能力。学校应围绕应用技术型人才培养对师资队伍进行要求，加强"双师型"教师的引进和培养，鼓励教师深入企业，通过顶岗工作、挂职锻炼等方式，安排专业教师到企业顶岗实践，引导教师为企业开展技术服务，不断积累实际工作经验，提高实践教学能力，加强与企业合作，建设稳定的兼职教师资源库，从企业行业聘用专业素质高、实践经验丰富、教学能力强的高级工程技术人员和管理人员作为兼职教师协同授课，将生产一线的新理念、新技术、新需求带进课堂，活化教学内容与教学形式，增强教学效果。

培养创新人才教师队伍是不可或缺的重要因素，保证培养质量型创新人才离不开教师队伍。教师队伍是提高学生专业素质的有利条件。高等院校应注意教师资源的优化，对于教师的学历结构、年龄结构等要定期及时统计和优化。使教师队伍的结构和层次不断提升。

1. 定期考核

高等院校应定期对在职教师进行专业考核、职责考核等，在选聘教师时，也应对其进行综合性考核，许多科研方面非常出色的教授投入教学一线，不仅增强了课程本身的吸引力，还在无形中使学生受到了科研方法和创新思维的训练。此外，高等院校还应开放教授实验室。学生可以在教授实验室完成开放实验专题，进行科研训练。

2. 吸纳青年教师

青年教师具备较强的教学能力，具有相当的创新能力，这是对青年教师从事教育工作提出的最基本要求，也是高等院校提高教学质量的基本保障。为此，吸纳优秀青年教师是必然趋势。青年教师参加工作后要从事为期两年的基础实验教学，锻炼表达能力、积累授课经验，充分发挥教学经验丰富的老教师的传、帮、带作用，老教师通过随堂听课、教学观摩等指导青年教师掌握授课方法，提高课堂教学的实效。同时，发动青年教师积极参加学校和市级教学基本功竞赛，与各学科专业、各高等院校教师同场竞技，接受锤炼和磨砺，对其中表现突出的青年教师由学院进行奖励。

3. 培养双语教学人才

创新人才的培养需要不断扩大英语和双语教学。学院应积极推动英语和双语教学课程，通过在选修课中试点英语教学，建立严格的质量监控机制，并征求学生的反馈意见，根据整体授课效果再决定是否要将其进行，如何高效进行。

二、构建自主实践育人的价值体系

（一）促进个性化发展

自主实践是学生个性化发展的需要，在发展质量观下，高质量的教育必须是适应个体发展需要的教育，必须实现个体充分、可持续的发展。自主学习与实践将更加尊重学生的主体性，尊重学生的个性和独立选择，并为学生的选择提供更加丰富的实践条件和空间，充分发挥学生学习实践的独立性和自主性，促进学生在个人兴趣和发展需求的基础上进行学习和实践，形成自己独立的品质和能力。学生个体的差异性决定了其自身多元发展的现实需求，实施个性化教育是满足学生这一教育主体变化要求的结果，是高等教育的发展方向。

（二）提高学习效率

大学生学习的目的是为了掌握知识，获取技能，在实践中运用所学的知识实现个体价值，成为德能知行并重的人才。传统的实践教学多数以实践过程传授、验证训练等方式进行，学生跟随教师被动实践，根据实践指导书按步骤常规性完成实践过程，所有学生开展的实践内容和过程完全一样，没有创造性发挥的空间和解决个性化问题的机会。这种方式制约了学生探究未知的欲望，既不利于发现学生学习中存在的问题，更不利于学生创造能力的培养。因此，在教学过程中，教师要积极创造条件为学生提供开放性实践情境，增强教学过程的探究性和吸引力，引起学生产生对学习内容的兴趣、渴望和追求，让学生自主收集信息、解析问题，促进学生主动实践、主动体验和感悟探究，在获取知识的过程中不断提高创新精神和实践能力。

（三）终生发展的需要

当代社会科学技术迅猛发展，知识信息急剧增加，各行业领域对知识能力的要求正在由单一向多元转变，终身学习能力对人的可持续发展越来越重要。自主学习能力的培养是形成终身学习能力的核心，是建设学习型社会、知识型社会的必然要求。大学生必须改变在传统教育中以教师为中心的学习方式，更多地采用自我为主的学习方式亦即自主学习，来获得工作、生活所需的知识技能，实践教学探索。大学教育的目的在于帮助学生自主的、按照自己的目标选择合理的学习方法，通过自觉地学习实践进行自我诊断、自我设计、自主学习、自主管理，并逐步形成勤学好问、合作学习、探究体验、独立思考、等良好的学习习惯，使自己成为会深思、会学习的人，善于获取新知识，而不仅仅学习书本上有限的知识，同时要善于从海量信息中获取新知识，与时俱进构建适应时代需要的知识结构与能力，以应对日益激烈竞争的需要。

三、构建系统化自主实践育人模式

（一）链条式实践育人

学生自主实践能力的培养是一项系统工程，是一个需要持续实践和不断强化的过程。树立以能力培养为核心，知识传授、能力培养、素质提高协调推进的教育观念，按照"理论与实践、感性与理性、课内与课外、校内与校外"相结合的原则，遵循认知及教育规律，整合优化实践过程，明确各阶段实践教学重点，为各专业学生制定系统性专业技能训练方案，按实验教学、实习实训、毕业设计、职业认证这 4 个实践教学模块，进行类别的划分、组织教学阶段划分，系统地培养学生基础实践能力、分析解决实际问题的能力和沟通交流的能力。加强学校之间、学校与科研机构之间、校企之间合作以及中外合作等多种方式的联合培养，探索实践育人新模式，让学生走进实训室，走进企业，与企业联合开展创新创业教育，形成体系机制灵活、开放、选择多样、渠道互通的实践育人体制。丰富第二课堂实践育人载体，设立开放性实践创新项目，组成教学班开展项目化教学；建立学术型学生社团组织，开展大学生学科竞赛等活动；资助大学生自主创新项目研究，并安排教师指导学生开展团队学习与实践，设立课外学分，鼓励学生积极参与课外科学研究和艺术创作活动。

（二）扩展模块化实践育人

内容建立共性与个性相统一的教学内容体系，按照学生的专业知识和能力要求，分层递进设置实践教学内容，系统设置实践项目，将一系列实践活动应用型人才培养的探索与实践动项目由低到高、由简单到复杂分段进行安排，循序渐进培养学生自主实践能力。注重培养学生的专业基础实践技能，掌握项目实践方法，让学生具备独立实践的能力。①增加选修实践项目比例，搭建学科专业竞赛平台，及时对接行业标准和企业技术发展水平，设置实践项目和竞赛内容，学生可以根据自身兴趣和爱好自主选修实践项目以及参加学科竞赛，既能增强学生学习知识的时效性，又能满足学生个性化发展需要，充分发掘学生潜能。②增设综合探究性实践教学内容，基于专业教学的关键知识点，融合职业标准和专业课程，设计具有较强综合性、自主性和探究性特征的实践项目，将生产实际问题引入实践教学，引导学生自主设计、开启创新思维，让学生在独立实践过程中体验知识应用。③增强学生分析问题、解决问题的能力。注重校企共同开发课程，企业可以根据学生职业发展需求量身打造课程并组织实施，学生可以基于自身发展需要和市场需求自主建构知识体系和能力体系，实现"专业＋专长"的培养模式。

（三）开放式实践育人

改变传统单向灌输的教学模式和被动、封闭、接受式的学习方式，采用启发式、交互式的教学方法，让实践内容、方案及实践对象均具有开放性。建构主义教育理论更加注重开放性学习，强调学习的主动性、情境性、协作性和社会性。学生是整个实践过程的主体，学生在教师指导下，自主选择实践题目、自主设计实践方案、自主开展探索研究、自主撰写实践报告或完成设计作品。在教学过程中注重学生的体验与感知，鼓励学生围绕实践中发现的问题进行交流讨论，尽可能地给学生提供自主学习的机会，拓展专业知识，活跃创新思维，培养学生解决问题的能力。注重第一课堂教学内容的延伸，加大课后作业布置与检查力度，引导学生在课余时间阅读文献，开展团队研讨，撰写主题论文，促进学生开展多样化的自主学习实践活动，强化学生的独立性和主体意识。

（四）过程性实践育人

教师不仅要传授知识，还要促进学生潜能的发展，在考核学生学习效果时应采取全方位、多元化的考核方式，关注学生动态认知历程及其能力提升的过程。评价的主体由单一的教师主体向由教师、学生、合作实践教学探索学习团队成员等构成的多元化评价主体转变，使学习评价成为学生自我反思、自我发现和自我发展的过程。评价方式应为多元化的过程性考核，由传统的试卷终结性考核转向形成性考核与终结性考核相结合，评价内容包括实践前的预习、实践中的操作和对问题的讨论、实践后的报告及实践结业考核的表现等几个方面，评价内容更加强调学生学习过程的表现和综合素质的提升，将评价变成多元参与和互动的过程，充分调动学生学习的积极性和主动性，全方位测量学生的综合素质和应用能力。同时，对教师的教学绩效评价也要向多元评价方式转变，在坚持学生评教、领导评教、同行评教的基础上，应更加注重教师自评主体，重视教师自我反馈、自我调控的作用，将教学过程的生动性、创新性和丰富性纳入评价体系，激励教师据课程性质、教学内容和学习对象灵活运用教学方法，加强对学生发展性能力的培训，培养学生主动思考的能力、善于发现的能力、获取信息和解决问题的能力，突出评价的激励功能，提高实践育人效果。

四、构建多维度自主实践育人支持系统

（一）探究实践环境需要自主性

自主学习的实现需要以下三个条件：①学生的主观意愿；②学生的综合能力；③相应资源条件的支持。学生开展自主实践、需要一定的空间和氛围，学校必须为其搭建优质的实践教学平台，营造自由探究的实践氛围。按照"优质、共享、开放、高效"的原则，坚持校内校外相结合，统筹构建实验教学中心、教学实习基地、自主学习中心"三元协同"的实践教学平台，按学科专业群建实验实训中心，按专业方向建专业实验室，与校外企、事业单位合作共建实训基地，建立开放式的学生自主学习中心，合力构建资源共享、人才共有、过程共管的实践育人支撑体系，为学生自主学习、自我体验、自由创造提供应有的环境条件。支持学生专业社团建设，各专业可根据专业性质成立相应的学术型社团组织，学生可以根据自己的兴趣自由参加不同类型的社团，构建多元化的自主实践团队，让具有共同志趣、共同追求的学生聚集在一起共同学习、主动实践、自由探索、广泛交流，亲自主动积极参与丰富生动的学习思考活动。学习过程是一个互助、互动的实践体验，学生可以有效拓展自身观察、思考问题的视域，在优良的学术氛围中展示和提升自己。

（二）建立产教融合、校企合作模式

产教融合、校企合作是应用技术型高等院校转型发展的重要选择，学校应

主动建立校企协同育人战略联盟，通过项目研发、职业培训、实践教学等形式创建主体多元、形式多样的校企合作模式，形成企业"全程参与、深度融合"的联合培养体系，合力培养高素质应用技术型人才。拓展校企合作开发教学资源的途径推进校企联合开发课程工作，共建共享教学资源库，建立校企联合课题，开发创新创业训练项目，将企业技术创新和设计创意需求与学生实践和毕业设计有机结合，实现合作共赢。建立教学生产一体化校企合作创新平台，学校提供场地、企业投入设备共建平台，基于企业生产实际需求开展项目式教学，将教学活动切实融入生产一线，实施生产性实践教学，让学生在企业环境中体验生产过程，学习、掌握和转化专业知识与技术，实现产学体化教学。协同育人机制加快现代教育体系建设，深化产教融合、校企合作，培养高素质劳动者和技能型人才，同时这也是国家全面深化改革的统一要求。

（三）完善保障体系

学生自主实践习惯的养成与自主实践能力的提高需要一个长期的过程，需要良好的制度和政策环境予以保障。建立基于学分制管理的全程导学机制，由导师、班主任、授课教师及管理队伍组成导学团队，指导学生制定自身发展规划，形成学习目标体系，选择科学的学习策略，根据教育资源合理安排学习内容和学习进程，不断培养自主学习意识和自主实践品格，建构个性化知识体系。建立以互动、开放为特征的教学管理制度，实行小班授课，促进因材施教，增强师生互动，教师有针对性解决学生的隐性问题，帮助学生树立自主实践的信心，推进跨专业选课，丰富学生选择优质课程资源，扩大教室、实验实训室、图书馆等教学资源开放力度，拓展学生自主实践空间。完善以促进学生自主实践为导向的激励机制，对开展探究性教学方法改革的教师予以专项经费支持，鼓励教师深入研究，物化成果，提高成效；推行课外学分制度，以项目为驱动，组织有兴趣和特长的学生利用课余时间进行团队学习、自主实践和学术交流，对课外开展自主实践并取得一定效果的学生活动认定学分，激励学生基于兴趣主动参与学习实践，促进学生专长发展，不拘一格培养个性化人才。

1. 信念教育是前提

在创新人才培养过程中，我们要加强对学生理想信念的教育。将热爱祖国的爱国主义教育和热爱科学、现身科学的理想教育嵌入整个教学过程。

2. 完善培养方法是条件

生物学创新人才的培养是一份至关重要，相对较体系化的工程。一方面要有正确的办学指导思想和合理的定位，另一方面要有一套符合教育规律和突出创新能力的培养方案。

我们应面向全国全面落实科学发展观。以学生为主体，教师为导体，以培养学生创新能力为重要思想，课本为辅助，以科研素养为核心，专业知识为基础，来实施开放式教学，加强研究性学习、促进学生全面协调发展，培养基础知识扎实、综合素质高、具有创新能力的优秀生命科学人才的办学指导思想。在现有完全学分制生物学专业培养方案的基础上，充分发挥学校教学资源优势，加强综合素质和专业素质教育。根据这一思想我们以素质教育、培养创新人才为主导，打破传统人才培养模式，立足学科前沿，依托学科优势，遵循人才培养规律，注重个性发展，因材施教，突出特色教育。

3. 创新人才培养模式是根本

对教师实施定期综合素质考核，将成绩优异的教师组建起来，使有这些教师针对需要教育的学生进行专业的选择，制订详细的培养计划，根据学生的特点和当前情况进行具体课程学习方式的研究选择，培养学生自主学习、研究性学习能力及创新能力。

第四节　专业应用技能与创新创业

一、生物学专业应用技能人才培养权责划分

（一）高职院校的任务

高等院校应设立关于创新创业的奖学金项目，用这些基金鼓励、资助和助力有志于创新创业的全日制的在校生，提供他们所需的项目资金和启动资金，使这部分学生达到自主创新创业实践的目的，促进学生在其创新创业方面有所成就与作为，发挥他们的引领示范作用。

由于每个项目的不同，其自身的特点也不尽相同。因此，针对每个项目不同的特点，基金分为"创业项目"和"研发项目"两类，①学校应每年拿出部分基金用于支持学生创业，学院进行积极宣传推动，每年生物类专业学生都有多项创业项目获得资助。②生物类专业学生，应多多开展生物领域的各项研发工作，并合理利用学校给予的创新创业的奖学金，更好地完成项目的研发。

总之，创业是一项十分艰巨，具有挑战性的社会活动，大学生进行自主创新能力强、科技含量高的创业比例还是较小的。由此可见，大学生的创业素质和能力培养是高等院校创新创业的教育核心和落脚点。

（二）教师的职责

当前，生物类专任教师应多承担各级各类专业科学研究项目，还应多与各类高等院校、科研院所和企、事业单位合作，达成互补的局势，多次开展横向课题研究，使优秀的在校大学生积极参与其中。在其过程中培养和提高了学生的专业技能，锻炼了学生初步的科学思维与写作能力，同时学生的专业知识也得到了一定的拓展，直接接触和了解了学科最新最前沿的技术手段和水平，为今后人生的发展打下了结实的基础。

（三）学生的任务

高等院校的教育思想观念对于学生学习专业知识起到不可代替的作用。高等院校应积极改革人才的培养模式，应将学生作为主体，积极开展创新创业训练，使学生自觉地、主动地去学习和思考。关注并强化学生创新创业的能力训练，同时增强高等院校生的创新能力和创业能力，在专业授课的同时，关注学生的实践操作能力，使学生在实践中遇到问题—分析问题—解决问题，得到创新知识，进而达到培养适应创新型国家建设所需要的高水平的创新人才的需要的目标。

二、生物学专业创新创业人才培养途径

（一）积极开展小组活动

学校将学生划分多个小组，学生自发按照其兴趣爱好来组建科技创新合作小组，并利用业余时间对学习展开探究活动。专业组成主要是生物科学、生物技术、园林、动植物检疫、动物医学专业。植物类方向学生日常主要是开展采集不同植物进行形态解剖及显微观察、制作腊叶标本，并配以植物种的要点说明，供展览、科学普及和植物识别。还可通过压制不同形态、色彩的叶片，干燥后塑封制作出实用的书签、用各种颜色豆子制作精美图案等工艺品。

动物类方向主要是开展动物及昆虫等的多样性研究，捕捉各种蝴蝶在展翅板上制作标本收藏，装入玻璃面外框的礼盒，还有研究昆虫等的生活史及习性规律等，也可为害虫的防治提供有益参考。也有用蝴蝶翅膀进行蝴蝶艺术创作以及开展蝴蝶保鲜和防腐方面的研究。学生还可学习动物标本制作与技巧、标本内部填充、皮的剥离缝制、防腐保存处理的技术，使学生具有娴熟的操作技巧以及解剖学、化学和生理学方面的知识。鸟类保护协会加强日常爱鸟护鸟科普宣传活动，定期开展鸟类摄影图片展、鸟类科普知识竞赛等

丰富多彩的活动。微生物方向主要是开展有关周边林区大型真菌资源调查与食用菌栽培技术研究。园林专业主要开展野生彩叶树种种类调查、引种驯化及适应性研究和校园及周边树木的挂牌工作。

（二）积极探索教学改革创新

随着高等教育教学改革不断深化，制订培养重视创新创业教育方案，已经贯穿于生物类各专业人才培养的全过程。学校应积极申报校级课程改革项目。根据课程性质实施案例式、探究式、项目式、参与式、启发式等教学方式改革，以激发学生独立思考的创新意识。

1.改革毕业论文的撰写模式

目前，高等院校大部分学生的论文没有实际操作性，高等院校应注重学生论文的创新性和实践性。把撰写可行性报告、社会调查、规划设计书等作为毕业论文的选项，深入调查实践，从而达到毕业论文撰写模式的改革。

2.改革教师教学模式和教学方法

教师积极带动学生参与创新创业活动，有目的、有计划、有组织地通过课堂教育、课外实践、竞赛检验的方式对学生进行教育。开展各种相关创新创业活动，各项目专业教师进行指导，引导和鼓励学生开展创新创业活动。加强创新创业实践引导和培训帮助等服务工作。

教师引导学生通过体验式、感悟式、互动式等多种途径启发学生自主学习、探究，并且不断探索有效的教学模式和教学方法。

3.改革考试考核内容

学校应灵活运用考核的方式，将对考核结果的注意力转移到考核的过程中去，多注重对学生实习实训、发明创造、实践经历的考察，以达到考核内容的改革。

4.改革教学信息

依托校级课程中心网络教学平台，结合采用慕课、翻转课堂、网络视频公开课等现代教学形式，拓宽教学的手段和方法，加大教学信息化建设和使用力度。探索非标准答案形式的考试，一些课程采用调查报告、读书报告等方式进行考核。

（三）积极营造创新创业氛围

氛围是围绕某种主题，通过现场的环境以及环境的布置，对氛围做出一定的引导，从而使学生感觉到主题统一感的气氛。营造创新创业的氛围能潜移默化地影响学生的情感、行为、习惯、思维和气质的形成，因此，营造创新创业的氛围，对学生来说很重要也很必要。

1. 营造良好的校园创新创业氛围

营造浓厚的创业文化氛围使学生调动起自身的积极性，同时开展学生创业培训，使学生更好地进行知识的获取，进而提升学生的创业活动层次。开展专门创新创业培训及帮扶工作，为大学生普及创业知识，引导在校学生更多地了解创业、参与创业搭建平台。加大创新创业的覆盖面，营造浓厚氛围，促进项目落地转化。依托校内外实习培训基地，为开展丰富多彩的创新创业活动做足准备工作，培养学生的创业兴趣、实现创新引领创业、创业带动就业。

（1）设置比赛

推荐学生参加各类级创新大赛，定期评选院级、校级大学生"科技创新标兵"，将获奖作品进行展览，树立创新创业先进模范生，对先进模范生进行宣传报道，充分发挥示范引领作用。

（2）校园资源传播

通过校报、微博、微信群、展板等媒体手段，对创新创业教育展开大规模宣传。鼓励引导学生抓住机遇、敢于实践、勇于创业，丰富自己的大学生活，完善自己的人生阅历。

2. 营造良好的社会创新创业氛围

整合各种有利资源是为大学生创新创业提供良好服务平台，为大学生创业在技术挖掘、作品创作、产品孵化、商品运营等方面实施全程配套服务。支持在校生成立创新创业协会、创业俱乐部、创业联盟，鼓励学生举办创新创业讲座论坛等形式多样的活动。学校应积极争取社会各界的支持，为创新创业教育创造良好的社会氛围，保证学生拥有良好的实践创新环境。

（1）寻找平台

尽可能孵化一批有前景的创业项目，使之成为学生创新创业行动的最优平台，同时成为政府、学校服务学生创业的炫丽舞台。

（2）培养精神

大力培育企业家精神和创客文化，让大众创业、万众创新在高等院校扎根，呈现蔚然成风、蓬勃发展的良好局面。倡导敢为人先、宽容失败的创新文化，树立崇尚创新、创业致富的价值导向。

参考文献

[1] 陈继贞,张祥沛,曹道平.生物学教学论 [M].北京：科学出版社，2003.

[2] 高艳.现代教学基本技能 [M].山东：青岛海洋大学出版社，2000.

[3] 霍力岩.多元智力理论与多元智力课程研究 [M].北京：教育科学出版社，2003.

[4] 陆建身.生物教育展望 [M].上海：华东师范大学出版社，2001.

[5] 汪忠.生物新课程教学论 [M].北京：高等教育出版社，2003.

[6] 王永胜.生物新课程教学设计与案例 [M].北京：高等教育出版社2003.

[7] 卞筱泓，曹荣月，宋潇达，等.生物化学实验教学模式的优化 [J].药学教育，2018, 34（6）：73-76.

[8] 曹剑锋，韩宝银，王超英，等.基于应用型人才培养的地方高校生物学实验教学平台建设探索 [J].教育教学论坛，2016（38）：271-272.

[9] 陈文娟，姚冠新，任泽中.将创新创业教育全面融入高校课堂教学体系 [J].中国高等教育，2012（2）：44-45.

[10] 陈希.将创新创业教育贯穿于高校人才培养全过程 [J].中国高等教育，2010（12）：4-6.

[11] 程剑.高职院校生物教学的策略研究 [J].当代教研论丛，2017（09）：134.

[12] 高畅.浅议生物新课程教学设计的评价 [J].教书育人，2005（S7）：38-39.

[13] 胡学超.PBL 教学法在高职生物教学中的应用 [J].黑龙江教育（理论与实践），2017（11）：52-53.

[14] 黄福群.生物新课程教学，要重视创新精神和思维能力的培养 [J].黑龙江科技信息，2008（12）：140.

[15] 黄兆信，赵国靖，唐闻捷.众创时代高校创业教育的转型发展 [J].

教育研究，2015（7）：34-39.

[16] 霍正刚. 工科院校大学生创新创业教育的策略 [J]. 教育探索，2012（10）：147-148.

[17] 李家华，卢旭东. 把创新创业教育融入高校人才培养体系 [J]. 中国高等教育，2010（12）：9-11.

[18] 李世佼. 大学生创新创业教育体系的构建 [J]. 黑龙江高教研究，2011（9）：119-121.

[19] 蔺万煌，苏益，夏石头，等. 校企合作在高等农业院校生物学类专业人才培养中的探索与实践 [J]. 高校生物学教学研究（电子版），2018，8（1）：38-41.

[20] 刘俊，谢红艳，朱允华，等. 科技文献读书报告在本科生物学专业创新型人才培养中的应用实践 [J]. 现代农业科技，2018（6）：275-276.

[21] 刘伟. 高校创新创业教育人才培养体系构建的思考 [J]. 教育科学，2011，27（5）：64-67.

[22] 罗曙光. 高职生物课堂教学的多媒体技术应用 [J]. 福建电脑，2018，34（4）：155-156.

[23] 潘宝平，黄辉，闫春财，等. 生物学创新人才培养的理论与实践探索 [J]. 高校生物学教学研究（电子版），2013，3（2）：17-20.

[24] 秦秉乾. 生物课堂新课程教学理念浅析 [J]. 中国教育技术装备，2010（22）：15-16.

[25] 田在宁，刘方. 生物学专业创新人才培养的探索与实践 [J]. 高教研究与实践，2013，32（1）：35-37.

[26] 汪义莲. 高职生物教学中比喻的应用研究 [J]. 教育教学论坛，2017（15）：107-108.

[27] 王谷仙，严璟. 关于高职生物实验教学的几点思考 [J]. 西部素质教育，2016，2（16）：78.

[28] 魏银霞，黄可，郭庆. 地方工科高校创新创业教育体系研究与实践 [J]. 实验技术与管理，2015，32（2）：14-17.

[29] 谢蕾盈. 生物新课程教学中数学建模理论的思考 [J]. 生命世界，2010（06）：93-95.

[30] 许凌凌，曹侃. 高职生物类专业实验教学改革探讨 [J]. 安徽农学通报，2016，22（14）：153-154.

[31] 许凌凌，程旺开. 高职生物类专业实验教学平台构建与实践 [J]. 科技经济导刊，2016（14）：152.

[32] 岳玉秀.高职生物课程改革难点与对策探析[J].课程教育研究，2016（11）：154.

[33] 张显悦，郗婷婷.应用型人才培养高校创新创业教育的实践路径[J].黑龙江高教研究，2015（1）：147-149.

[34] 赵雷.新课程教学中生物教学目标的应用[J].科学教育，2007（04）：2-3.

[35] 赵永学.新课程教学中如何提高生物教学的实效性[J].读与写（教育教学刊），2017，14（11）：111.

[36] 周兆福.活化生物实验室 实施新课程教学[J].科学教育，2006（4）：31.

[37] 邹建芬.大学生创业能力开发与培养的路径探析[J].高校教育管理，2011，5（6）：91-95.

[38] 王荐.特级教师成长特征及影响因素研究——以江苏省生物学特级教师为例[D].上海：华东师范大学，2017.